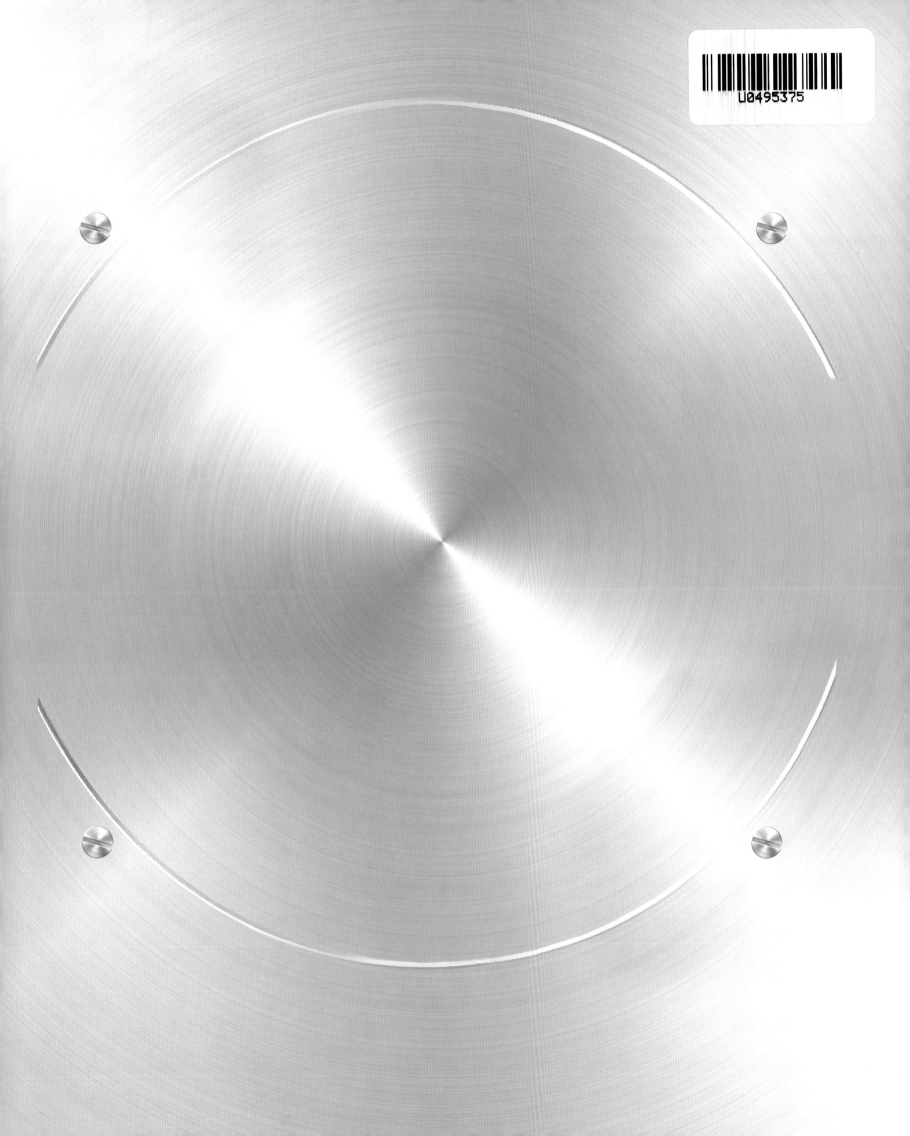

DK地球运转的秘密

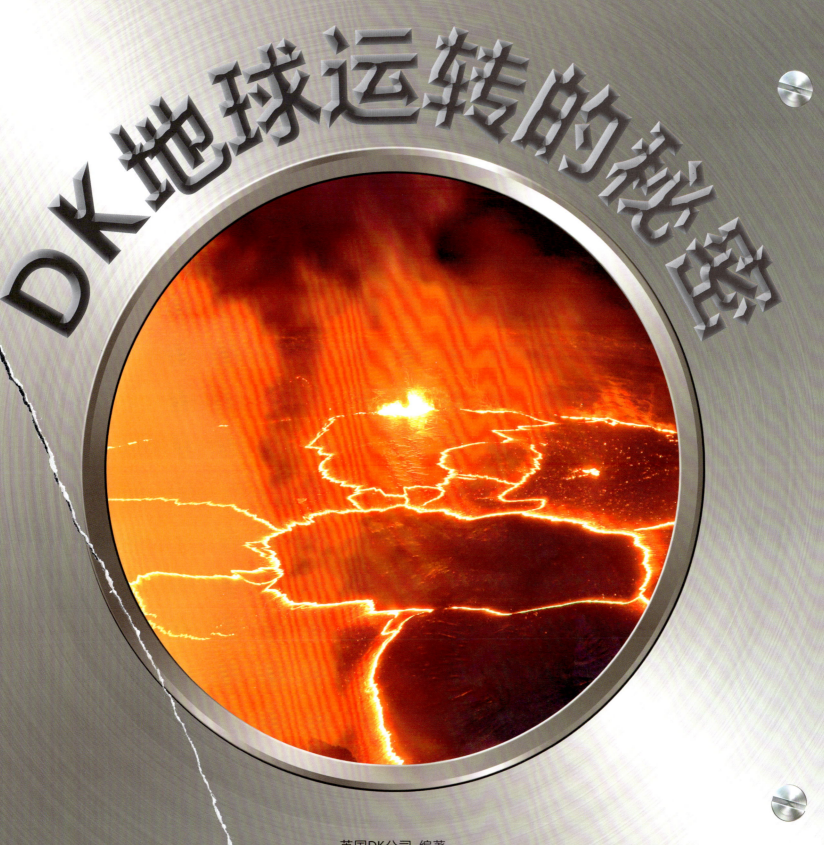

英国DK公司 编著

刘雪雁 译　李楚阳 审定

中信出版集团|北京

DK地球运转的秘密

图书在版编目（CIP）数据

DK地球运转的秘密 / 英国DK公司编著；刘雪雁译.
北京：中信出版社，2025.7（2025.9重印）. -- ISBN 978
-7-5217-7532-7
　Ⅰ. P183-49
中国国家版本馆CIP数据核字第20254E5T10号

Original Title: Explanatorium of the Earth: The Wonderful Workings
of the Earth Explained
Copyright © Dorling Kindersley Limited, 2024
A Penguin Random House Company
Simplified Chinese translation copyright © 2025 by CITIC Press Corporation
ALL RIGHTS RESERVED
本书仅限中国大陆地区发行销售

DK 地球运转的秘密

编　著：英国 DK 公司
译　者：刘雪雁
出版发行：中信出版集团股份有限公司
　　　　　（北京市朝阳区东三环北路 27 号嘉铭中心　邮编　100020）
承 印 者：北京顶佳世纪印刷有限公司

开　本：787mm×1092mm　1/8
印　张：36　　　　　　　　字　数：890 千字
版　次：2025 年 7 月第 1 版　　印　次：2025 年 9 月第 2 次印刷
京权图字：01-2025-2501
审 图 号：GS 京（2025）0881 号（此书中插图系原文插图）
书　号：ISBN 978-7-5217-7532-7
定　价：178.00 元

版权所有·侵权必究
如有印刷、装订问题，本公司负责调换。
服务热线：400-600-8099
投稿邮箱：author@citicpub.com

出品　原创绘本中心
策划编辑　马英　陈瑜
责任编辑　王琳
营销编辑　李彤　周惟
装帧设计　谢佳静　京狮堂

www.dk.com

目 录

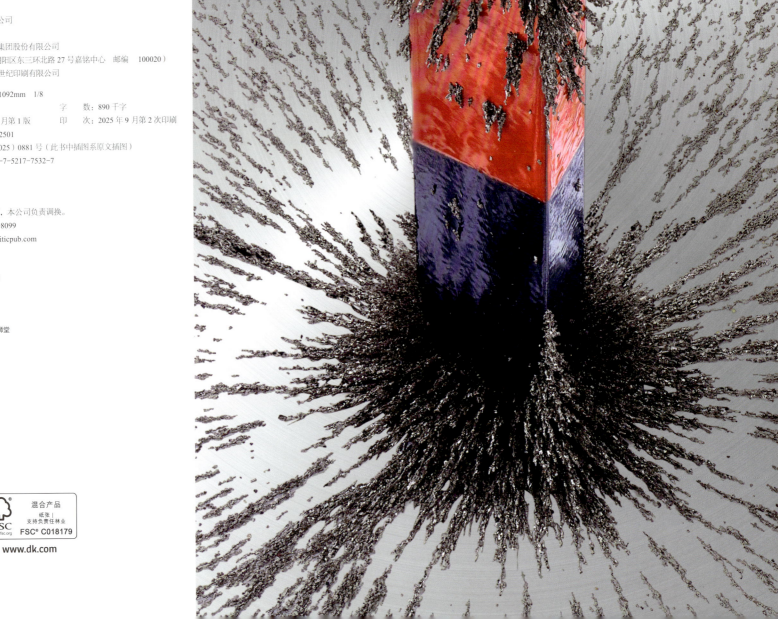

宇宙中的地球

地球内部

火山和地震

重要提醒

变化的地貌

岩石和矿物

大气

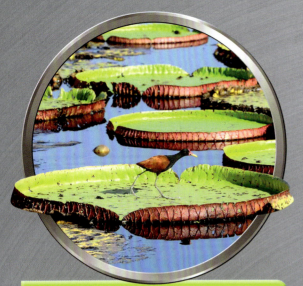

生物圈

参考资料

地球属于围绕太阳（距离地球**最近的恒星**）运行的八大行星之一。太阳、八大行星、数百颗卫星以及众多**彗星**和**小行星**等天体共同组成了**太阳系**。太阳系中所有的行星都是在大约 46 亿年前的一系列的**碰撞**中形成的。剧烈的碰撞形成了地球及其运行轨道，也形成了月球，使地球一年有 365 天，一天有 24 小时，还带来了季节和潮汐。

宇宙中的地球

地球

大约 46 亿年前，环绕新生太阳旋转的星云形成了地球。在数百万年的时间里，星云中的微小物质粒子相互碰撞，逐渐聚集在一起，形成了行星。

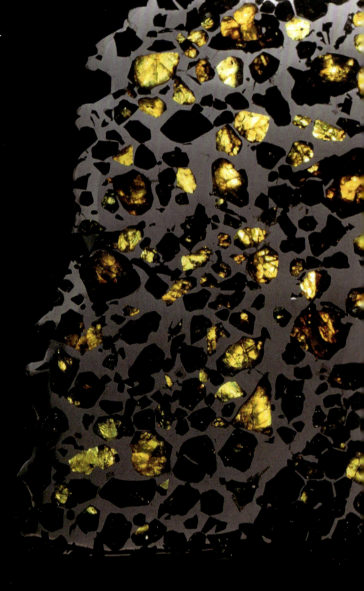

▶陨石

科学界已知的最古老的岩石是陨石，其中含有形成地球的原始物质。大约 700 年前，伊米拉克陨石坠落在南美洲的阿塔卡马沙漠。它主要由金属铁和镍组成——与地核中发现的金属元素相同，并镶嵌着黄绿色的橄榄石晶体——已知的在地幔（位于地壳和地核之间）中发现的主要矿物。科学家们认为，伊米拉克陨石曾经是太阳系早期因碰撞而破碎的行星或小行星的一部分。

太阳系的诞生

当原始星云在重力作用下开始收缩时，太阳系开始形成。大约 46 亿年前，太阳形成，行星是由它周围的碎片云团形成的。

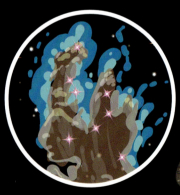

1 旋转的星云

巨大的星云崩塌。引力将碎片拉入一个密集旋转的圆盘。一些较轻的气体被抛到寒冷的云团外部区域。

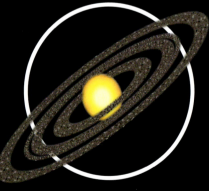

2 太阳

致密的核心区域变得非常热，引发了核反应，一颗恒星——太阳——就诞生了。剩下的碎片在太阳周围形成了旋转的圆盘。

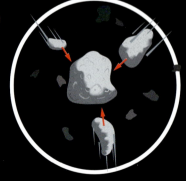

3 星子

旋转圆盘内的尘埃和岩石粒子相互碰撞并聚集在一起，形成了被称为"星子"的大质量物体。其中一个将成为地球。

4 地球形成

这些星子不断地相互碰撞，升温加热，其内部熔化，逐渐形成了形状不规则的地球。

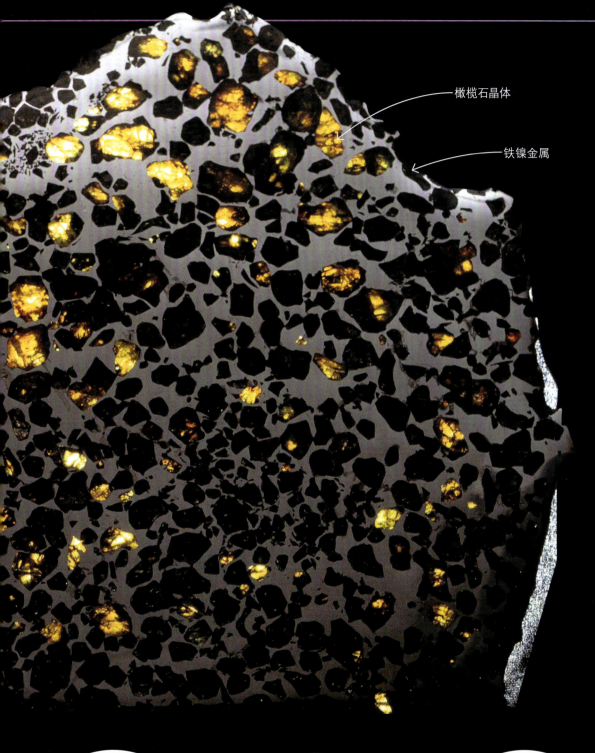

橄榄石晶体

铁镍金属

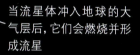

当流星体冲入地球的大气层后，它们会燃烧并形成流星

月球当时与地球之间的距离比现在近得多

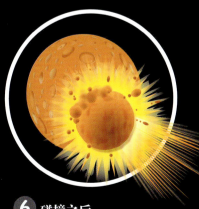

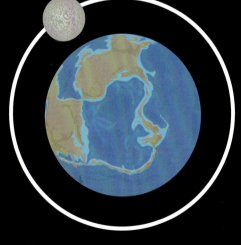

5 早期的地球

向内的引力将地球重塑成一个球体。较重的物质，如铁和镍，下沉形成地核。较轻的物质，如岩石矿物，形成地幔。

6 碰撞之后

地球在形成后期，与一颗小行星发生碰撞，由此地球周围形成了碎片云团。碰撞也导致了地轴倾斜。

7 月球形成

碰撞产生的碎片在早期地球周围形成了一个环。这些物质——岩石和金属的混合物——聚集在一起形成了月球。

8 地球的变化

火山喷出的气体——主要由二氧化碳和水组成——构成了地球早期的大气层。随着地球逐渐冷却，水汽凝结，雨水降落形成了海洋。

陨石坑

    与地球早期相比，如今地球与太空岩石的剧烈碰撞已经不太常见了，但这种危险仍然存在。泰诺摩尔陨石坑形成于 2 万年前，当时一颗巨大的陨石撞击了撒哈拉沙漠，留下了一个直径 1.9 千米的坑。地球上现存的大型陨石坑数量很少，因为陨石坑会受到侵蚀和风化等作用的影响而被快速地破坏。目前，保存最完好的陨石坑位于荒漠。

太阳系

太阳系是由恒星太阳主导的空间区域。地球是被太阳的引力所吸引而围绕太阳运行的 8 颗行星中的 1 颗，它是离太阳第三近的行星。太阳系内还有数百颗卫星、数百万颗小行星，以及无数被称为彗星的由冰组成的天体等。

▼太阳系模型

以下由不同大小的球体组成的简单模型展示了太阳系中行星的排列顺序。4 颗内行星是由岩石和金属组成的球体。4 颗外行星是气态巨行星——主要由氢和氦组成的巨大旋转球体。（其中天王星和海王星也被称为冰巨星。）

金星

金星和地球差不多大，但是它被由二氧化碳、有毒气体和硫酸云组成的浓密大气层所覆盖。大气中的二氧化碳吸收热量，使其成为太阳系中最热的行星。

火星

火星是太阳系的 4 颗岩质行星中距离太阳最远的行星，其直径约是地球的一半。火星上极度寒冷且干燥，但有迹象表明，在遥远的过去，火星是温暖而湿润的。

太阳

太阳是一个炽热的球体，占太阳系总质量的 99.8%。如此巨大的质量所产生的巨大引力使太阳系中的其他天体都围绕着它并沿着特定轨道旋转。

水星

水星是太阳系中最小的行星，它的表面布满陨石坑，且有一个巨大的金属内核。

地球

地球与太阳的距离正好适合水以液态的形式存在于地表，生命因此得以生存。地球也是唯一一个岩石圈分裂成不同板块的行星。板块的运动造就了地球上各种各样的地貌。

八大行星到太阳的距离

我们很难直观地认识太空中的天体之间的距离。如果太阳是篮球场一端的一颗篮球，那么地球就是篮球场另一端的一粒沙子。1 天文单位接近于地球到太阳的平均距离。

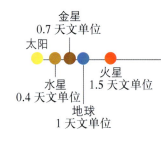

太阳
水星 0.4 天文单位
金星 0.7 天文单位
地球 1 天文单位
火星 1.5 天文单位
木星 5.2 天文单位
土星 9.5 天文单位

轨道

太阳系中的天体沿着各自的轨道围绕太阳运行。轨道并不是完美的圆形，而是椭圆形的。太阳系的八大行星几乎都在同一个平面上围绕太阳运行，46亿年前这个平面上是围绕着新生太阳的碎片环。较小的天体的轨道更加扁且倾斜，如矮行星冥王星的轨道。

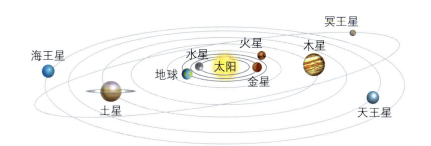

彗星

当彗星靠近太阳时，它由冰组成的表面会蒸发，形成彗尾。

小行星丝川

小行星

这些岩质天体直径从几米到数百千米不等。它们的形状大多不规则，大部分存在于小行星带，即火星和木星轨道之间的区域。

木星

木星是太阳系中最大的行星，有95颗已知卫星。它是一个主要由氢和氦组成的快速旋转的球体，表面是彩色的云带，包含巨大的风暴，如大红斑，大到足以吞下地球。

土星

土星是一颗气态巨行星，拥有至少274颗卫星和一个壮观的光环系统。土星环可能由千万年前一颗冰冷的卫星或彗星经历灾难性破碎后所产生的碎片组成。

太阳能

太阳能来自太阳核心的核聚变反应。核聚变反应产生的光能对地球上的生命至关重要。光子从太阳核心到达表面需要10万年的时间，而太阳的能量到达地球只需要8分钟。

天王星

天王星是一颗冰巨星，它的大气层富含氢和氦，环绕着黏稠的化学物质。由于很久以前的一次星际碰撞，导致它有一个水平的旋转轴，躺着自转。

海王星

海王星是另一颗冰巨星，它距离太阳最远。尽管从太阳那里获得的能量很少，但它却有着令人惊讶的活跃天气——拥有太阳系中最高的风速，高达每小时2 000千米。

天王星
19.2 天文单位

海王星
30 天文单位

白昼
和黑夜

地球每天的自转创造了明与暗的自然循环，我们称之为白昼和黑夜。一天是24小时，但白昼的时间长短因你居住的地方和季节的变迁而异。这些变化产生的原因是地球绕着倾斜的地轴旋转。

▶ 旋转的地球

地球沿一个假想的轴自西向东旋转，即自转。当地球自转时，地球表面的一部分区域面对太阳接收阳光，形成白昼，而另一部分区域则处于黑暗中，形成黑夜。因为地球的轴是倾斜的，所以一年中除了春分、秋分这两天（此两日太阳光几乎直射赤道），其他日子里各地的日照时长是不同的，从一点也没有到一天24小时不等。

在两极，太阳在一年中只升起一次。6个月连续的白昼之后是6个月的黑夜

地球的自转轴与地球公转轨道面的垂线相比倾斜了约23度

意大利米兰位于赤道和北极之间。这里的日照时数从冬至的约9小时到夏至的近16小时不等

地球自转时，地球表面向东移动。因此，太阳从东边升起，在西边落下

在赤道，每天有12小时的白昼和12小时的黑夜。日出总是在早上6点左右，日落是下午6点左右

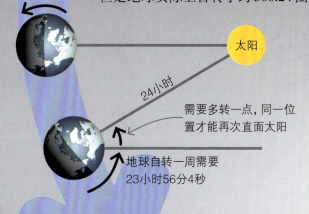

日与年

　　一天有24小时，但地球自转一次只需要23小时56分4秒。这两个时间是不同的，因为地球每天都要绕太阳公转。因此，它必须自转略多于一圈（360度），同一位置才能再次直接面对太阳。这些额外的旋转在一年的时间里加起来超过了360度。一年尽管只有365天，但是地球实际上自转了约366.24圈。

太阳

24小时

需要多转一点，同一位置才能再次直面太阳

地球自转一周需要23小时56分4秒

地球公转轨道

地球的自转

　　过去，人们看着太阳和星星规律地出现在天空，自然而然地得出结论，它们是绕着地球转的。生活在5至6世纪的印度数学家和天文学家阿耶波多是最早认识到地球在自转的人之一。他还精确地计算出地球自转一次的时间为23小时56分4秒。

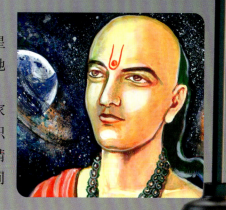

一天的小时数是变化的

　　强烈的地震可以改变地球自转的方式。2004年，印度洋发生的一场大地震震动了整个地球，北极点因此移动了约2.5厘米，这导致一天的长度缩短了2.7微秒。

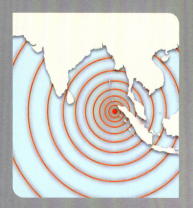

2004年地震的震中

赤道处的自转速度更快

　　由于地球是球形的，当地球自转时，其表面不同的地方以不同的速度运动。地球两极是静止的，但赤道以每小时约1600千米的速度旋转。火箭常在赤道附近发射，它们在这里会获得额外的推力，这样就能更容易到达预定轨道。

阿丽亚娜火箭在靠近赤道的法属圭亚那发射

为什么天空是蓝色的

　　夜晚，黑色的天空揭示了宇宙的浩瀚，而白天，天空则变成了明亮的蓝色。这是因为来自太阳的光线被地球大气层中的空气分子散射了。白光是多种颜色的光的混合光，其中的蓝光比其他颜色的光容易散射。散射的蓝光使整个天空看起来都是蓝色的。

蓝光散射得最多

太阳

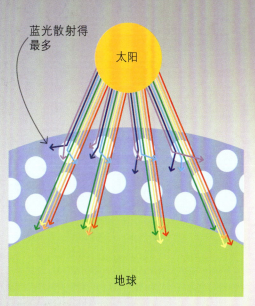

地球

▶ 公转

地球每年绕太阳公转一周。地球在公转的同时，每天都绕着一条从地球南极延伸到北极的假想的地轴自转。但地轴的倾角约为 23 度，因此，北半球和南半球分别在一年中不同的时间朝向太阳倾斜，从而形成了一年四季的循环。

北半球的春季

每年 3 月 21 日左右，太阳位于赤道正上方。这一天，世界各地的白昼和黑夜的长度都差不多。北半球是春季，南半球是秋季。

地球公转轨道

北半球的夏季

北半球一年中最长的一天是 6 月 22 日左右（即夏至）。大约在这个时候，北半球朝向太阳倾斜，形成温暖而较长的白昼和较短的黑夜。但在南半球，由于其朝向远离太阳的方向倾斜，这一天是一年中白昼最短的一天（即冬至）。

太阳

季节

世界上大部分地区都有四季。随着时间的流逝，天气逐渐从冷到暖或从干到湿，然后再循环往复。季节的形成并不是因为地球距离太阳更近或更远，而是因为地轴的倾斜。

北半球的秋季

每年 9 月 23 日左右，地轴不再向太阳倾斜，太阳位于赤道正上方，世界各地的白昼和黑夜大致等长。这时，北半球处于秋季，而南半球处于春季。

午夜阳光

在赤道地区，一年中白昼和黑夜大致等长，但在两极附近，昼夜的季节变化是极端的。北极附近的仲夏季节没有黑夜，因为太阳一天24小时都位于地平线以上。与此同时，南极附近的太阳从不升起，黑夜一直持续。

赤道是一条假想的位于南北半球中间的线

北半球的冬季

北半球一年中黑夜最长的一天是12月22日左右，这一天被称为冬至。此时，北半球朝远离太阳的方向倾斜，导致冬季的白昼很短，天气很冷。南半球朝向太阳倾斜，因此正在经历夏季。

到了12月，南极朝向太阳倾斜，南半球迎来了夏季

四季

春季，随着白昼的时间开始变长，树叶开始生长，花儿开始绽放。炎热而白昼漫长的夏季让植物迅速生长。到了秋季，白昼开始变短，许多树叶在落下之前变成红色或橙色。冬季的天气最冷，白昼最短，大多数植物都变得光秃秃的。然后，又迎来了春季。

春季

夏季

秋季

冬季

热带季节

位于赤道附近的国家没有四季。大多数热带国家只有旱季和雨季。在北半球，热带地区的雨季与北半球的夏季是同时的，旱季则与北半球的冬季同时。南半球的雨季和旱季时间与北半球正好相反。

旱季

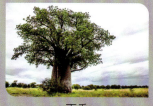
雨季

季节幸存者
猴面包树已经适应了热带地区严重的旱季。它们巨大的树干在雨季储存了数千升的水，为旱季做好了准备。

有一个奇怪的巧合，太阳的直径是月球的400倍，太阳到地球的距离又正好是地球到月球的距离的约400倍。因此，太阳和月球在天空中看起来大小相同。在日全食期间，太阳和月球的边界几乎完美契合。

钻石环

当月球开始逐渐遮挡太阳时，就出现了从日偏食到日全食的过程。就在太阳被月球完全遮挡之前，最后一缕阳光穿过月球上的凹陷，形成一个被称为钻石环的亮圈或亮点。这样壮观的景象只会持续几秒钟！

日偏食和日环食

当太阳的一部分被月球遮挡时，就会发生日偏食。此时月球没有与地球和太阳完全对齐，太阳就会呈现月牙形状。日环食发生在月球与太阳和地球排成一条直线，但比正常情况下离地球略远，没有完全挡住太阳的时候。

日偏食

日环食

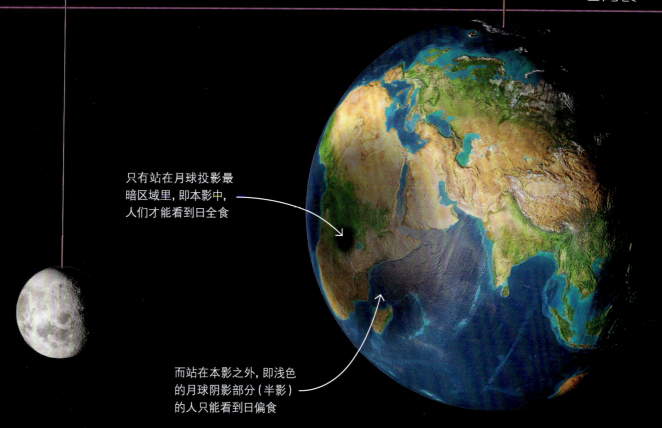

只有站在月球投影最暗区域里，即本影中，人们才能看到日全食

而站在本影之外，即浅色的月球阴影部分（半影）的人只能看到日偏食

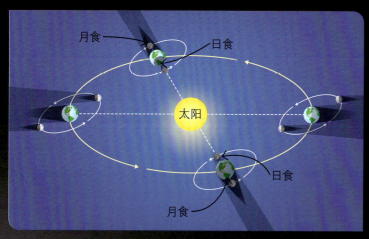

倾斜的轨道

如果月球绕地球旋转的轨道和地球绕太阳旋转的轨道在同一个平面上，那么我们每个月都会看到日食和月食。然而，月球的轨道与地球的相比倾斜了几度，所以通常不会发生月球遮挡太阳的现象。当月球与日地连线相交时，才会发生日全食或月全食。

食甚

当日全食达到食甚阶段，天空变暗，太阳明亮的圆盘完全消失了，但它的外层大气——日冕——在月球周围形成了一个发光的光环。直视太阳很危险，所以千万不要在没戴日食眼镜的情况下直视日全食。

月食

在月食期间，月球会穿过地球的阴影，但不会从我们的视野中消失。它会变成暗红色，因为红光折射后向内偏折的程度最大，折射的红光穿过地球的大气层到达月球，再反射回地球，月亮看上去就是红色的了。

▶ **高潮和低潮**

海面高度每天都在变化。在法国沿海圣米歇尔山岛，一般高潮和低潮之间的高度差异约为 10 米，但在大潮期间可以达到 16 米。退潮时，游客可以步行到岛上，但涨潮时，该岛被大海隔开，因此在古代，它是一个天然的堡垒。

潮汐

太阳和月球都通过各自的引力吸引着地球，像与地球玩着一场旷日持久的拔河游戏。虽然月球比太阳小得多，但它离地球更近，对地球的引潮力是太阳的约两倍。它们的合力牵引着海水，形成了潮汐。

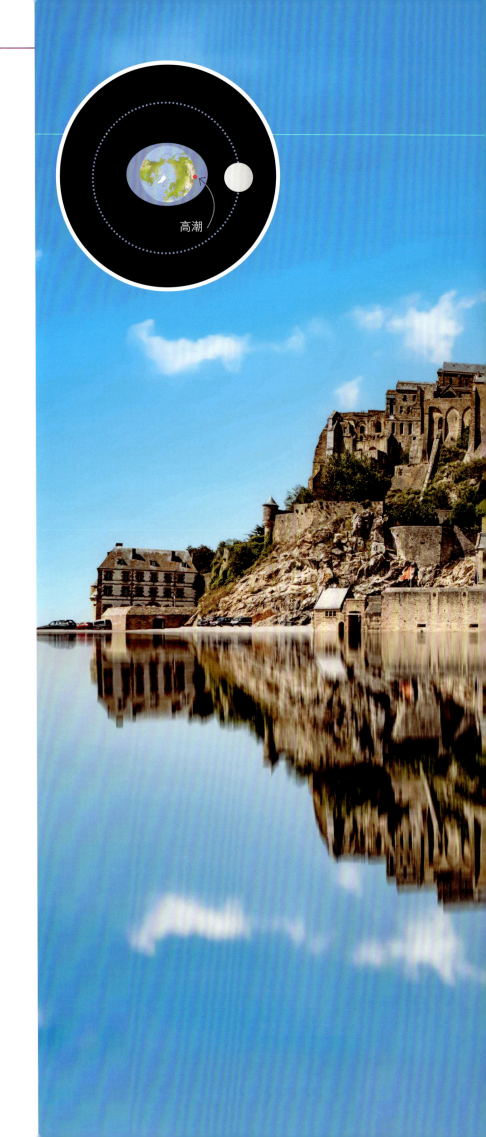

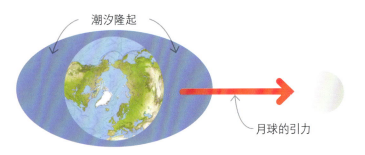

两个凸起（高潮）

同一地方每天出现两次高潮和两次低潮。离月球最近的高潮是由月球的引力引起的。位于地球相反一面的高潮是由惯性（使物体保持原有的运动状态）引起的。地球和海水都在旋转，但惯性让水试图沿直线运动。结果，海水在月球引力最弱的地方向外上涨。

大潮

当出现满月（地球在月球和太阳之间）和新月（月球在地球和太阳之间）时，太阳和月球的引力叠加在一起，形成了更大的海水面升降幅度。这导致了极高的高潮和极低的低潮，称为大潮（太阳潮由太阳引潮力引起，太阴潮由月球引潮力引起）。

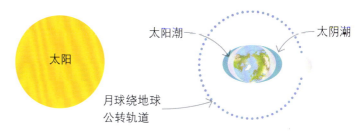

小潮

当太阳、地球和月球构成直角时，太阳和月球的引潮力部分相互抵消，使潮高变小，称为小潮。这时高潮和低潮之间的高度差最小。

涌潮

在某些地方，涨潮时海水从宽阔的海湾汇集到河口，造成了一种叫作涌潮的潮水暴涨现象。这些罕见的海浪逆向奔涌，与顺流而下的河水碰撞和搅拌在一起，造就了壮观景象，吸引了冲浪者和观光者，但涌潮偶尔也会致命。

如果把地球像洋葱一样切成两半，你会看到地球内部分为多层，随着深度增加而变得越来越热。地球最外层是**地壳**，由又冷又脆的岩石组成。在该层下面是由岩石组成的**地幔**和由金属组成的**地核**。来自地球内部的热量使地球的表层发生移动，缓慢但持续地改变着**陆地**和海洋的形状。

地球内部

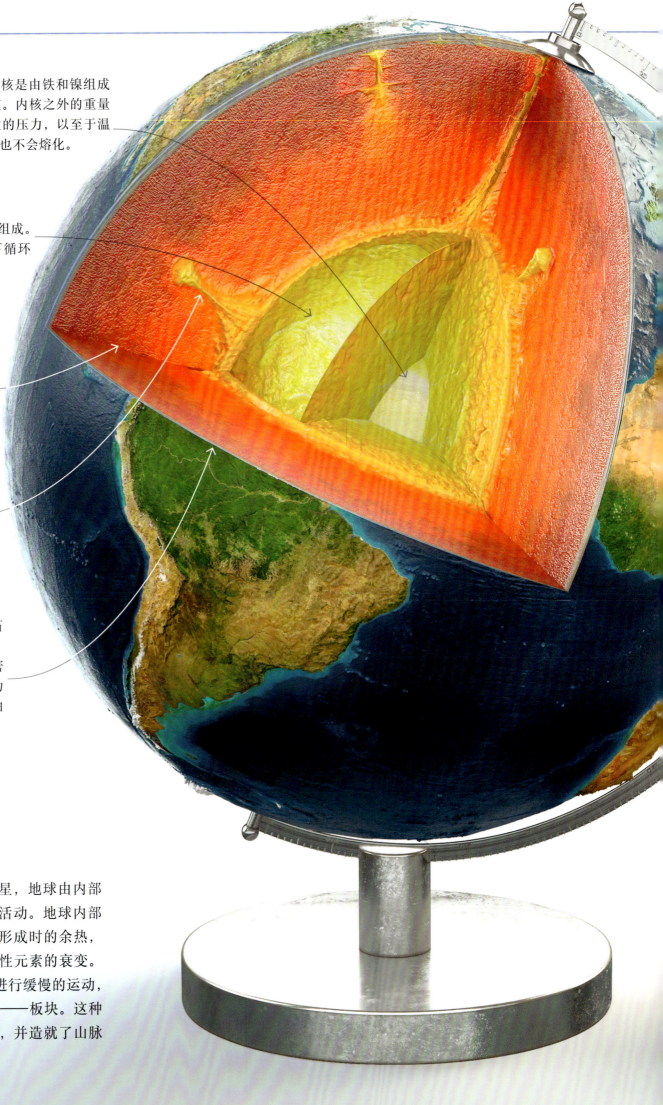

内核

地球的内核是由铁和镍组成的实心固态核。内核之外的重量产生了非常大的压力，以至于温度超高的金属也不会熔化。

外核

外核由熔融的铁和镍组成。这种液体在热量的驱动下循环运动并形成了地球的磁场。

地幔

地幔的体积最大，约占地球总体积的82%。它由富含镁和铁元素的致密岩石组成。地幔虽然总体上是固态的，但温度非常高，因此导致其足够柔软，可以非常缓慢地移动。

地幔柱穿过地幔上升，可能需要花费数百万年才能到达地幔顶部

地壳

地壳是温度较低的固态岩石薄层。海洋之下的地壳（洋壳）是最薄的，洋壳主要由一种致密的火山岩组成，这种岩石被称为玄武岩。而陆壳比洋壳更厚，由许多不同类型的岩石组成。

▶ **热能驱动**

不同于太阳系其他岩质行星，地球由内部的热能驱动，进行持续的地质活动。地球内部的热能主要有两个来源：地球形成时的余热，以及位于地幔和地壳中的放射性元素的衰变。这些热能驱动着地幔中的岩浆进行缓慢的运动，进而将地壳分裂成巨大的碎块——板块。这种运动塑造了陆地和海洋的形态，并造就了山脉和火山。

地球内部的结构

在形成初期，地球的温度非常高，呈现出几乎完全熔融的状态。重而致密的元素，如铁和镍，沉入地心形成地核。较轻的富含氧、硅、铝等元素的熔融岩石，上升形成地幔和地壳。这颗年轻的行星就这样形成了至今仍然存在的层状结构。

有科学家认为，地球诞生5亿年后，陆壳才开始形成。最初的地壳是地幔的凝固表面，现在已经不存在了。现在的地壳是后来形成的，岩浆从火山下方喷出凝固后，形成了比地幔密度小的岩石地壳

不断上升的温度

越深入地球，温度就越高。每深入1千米，温度就上升25摄氏度，直到到达内核，那里的温度和太阳表面的温度一样高。整个地核和下地幔都是炽热状态，且发出耀眼的光芒。

内核：约5 200摄氏度

外核：2 700—4 200摄氏度

地幔：近地壳处约1 000摄氏度，近地核处约3 700摄氏度

地壳表面的平均温度：约14摄氏度

水的世界

地球是太阳系中唯一一颗具有3种状态的地表水的行星，即固态（冰）、液态和气态（水蒸气）。水也作为矿物的组成成分存在于地球深处。

若把地球表面所有的水集合起来，则可以形成一个直径只有地球直径1/9的球体

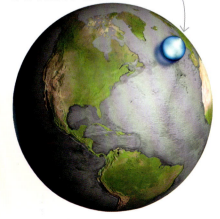

来自深处的岩石

虽然我们不能直接用肉眼看到地幔，但其碎片有时会因火山爆发被喷到地表。地幔捕虏体是来自上地幔的岩石。它们的存在说明了大部分上地幔是致密的粒状岩石，且主要由两种矿物组成，即绿色晶体的橄榄石和黑色的辉石。

地球**磁场**

地球外核熔融金属的旋转运动，通过一种被称为发电机效应的过程，在地球周围产生磁场。这个磁场的形状类似于条形磁铁的磁场，但其规模更大。地球磁场能保护我们免受危险的宇宙辐射伤害，并且让指南针指向正确的方向。某些岩石在形成时就记录下了磁场的方向。科学家可以通过这些记录来了解地球是如何随着时间而演化的。

▼ **磁场**

磁铁周围的磁场是磁性物质传递磁力形成的场。磁场是看不见的，但我们可以通过在磁铁上撒铁屑的方式来观察磁铁周围的磁场。这些微小的铁屑沿着磁感线的方向排列，显示出磁场吸引它们的方向。

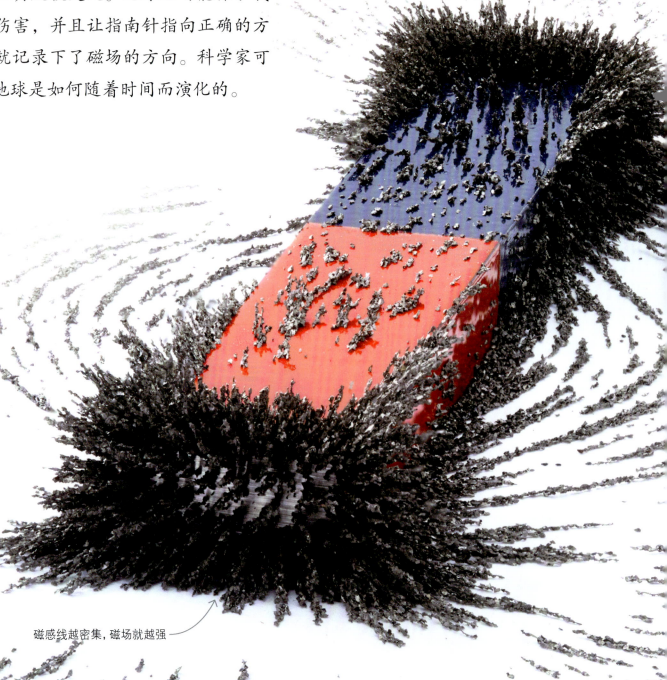

磁感线从一极
弯曲至另一极

磁感线越密集，磁场就越强

地球磁场

地球的磁场形态和一个巨大的条形磁铁形成的磁场形态相似。然而，地球磁场要复杂得多，它不是完全对称的。与此同时，地磁轴与地球自转轴目前有着约 11 度的夹角，这意味着地理极点与磁极不在同一位置。

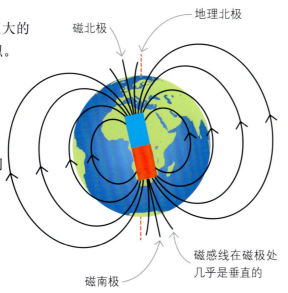

磁北极
地理北极
磁南极
磁感线在磁极处几乎是垂直的

铁屑

磁极漂移

地球的熔融外核的运动导致磁极随时间进行随机的漂移。南北磁极甚至每几十万年就交换一次位置。目前地球的磁北极发挥着磁铁南极的作用，因为它吸引了指南针的北极（相反的两极相互吸引）。

磁北极在过去 2 000 年的漂移轨迹

古地磁学

当熔融岩石冷却变硬时，含有铁磁性矿物的岩石会沿着地球磁场方向磁化。这些磁性保存在岩石中，可以告诉科学家岩石是在地球上的什么地方形成的。这一科学分支被称为古地磁学。

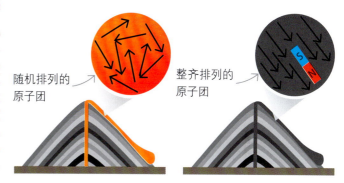

随机排列的原子团
整齐排列的原子团

熔融岩石
当岩石处于熔融状态时，原子周围的微小磁场是随机排列的。

固态岩石
当岩石凝固并结晶时，成群的原子会沿着地球磁场的方向排列。

板块构造学说

通过研究古地磁，科学家证实了板块构造学说。他们发现，位于一个离散的板块边界两边的岩石呈对称性分布，岩石显示出磁极性交替的条带。它们是在很长一段时间内形成的，因为板块分离时地球磁场发生反复翻转而产生。

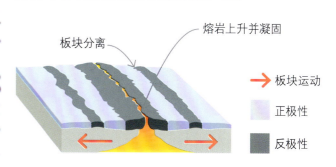

板块分离
熔岩上升并凝固
→ 板块运动
正极性
反极性

极光

你若在冬季游览地球的两极地区，可能会有幸看到世界上最壮观的自然光秀。极光像闪烁的彩色面纱照亮夜空，并不停舞动。它是由太阳风——一股来自太阳的带电粒子流——与地球高层大气的气体原子相互碰撞形成的。

极光的颜色

极光的颜色归因于地球大气中的不同元素。极光最常见的颜色是绿色，源自 10 万～30 万米高的氧原子。高于此高度的氧原子激发出红光，氮原子激发出蓝光和紫光。而混合后偶尔会产生其他色调，包括黄色和粉红色。

太阳风暴

在日冕物质抛射（太阳物质的喷发）之后，我们可以看到最强烈、最绚丽的极光。在发生这类太阳风暴期间，太阳向地球抛射出大量的高能粒子。除了会引发壮观的极光之外，有时还会对卫星和全球定位系统（GPS）造成损坏。

极光区

极光最常出现在两极周围直径约 5 000 千米的两个环状区域中。出现在北半球的叫北极光，出现在南半球的叫南极光。在一次大型太阳风暴过后，极光偶尔也能在离极光区更远的地方出现。

这个带电的金属球代表太阳

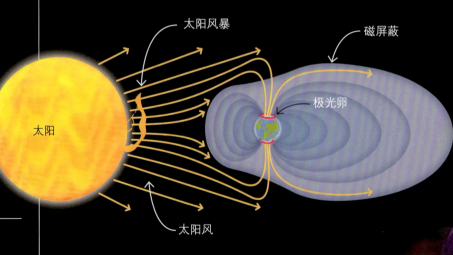

太阳风暴

磁屏蔽

太阳

极光卵

太阳风

地球磁场

地球磁场起着一种屏蔽作用，保护地球表面免受太阳风的影响。然而，仍有一些太阳粒子侥幸通过了这层屏障。它们被地球磁场引导向南北两极，在那里与大气中的气体原子相互碰撞，形成了极光。

◀ **模拟极光**
　　科学家们可以用一种天体模拟器装置来模拟极光。它有透明的外壁，里面装有两个带电的金属球，装置内的大部分空气都被抽走了。当打开设备时，电子会在两个球之间跳跃。电子与气体原子碰撞，激发其发光。

当电子撞击氮分子时，分子会发出紫光

这个球代表地球

玻璃或有机玻璃外壁

装置呈部分真空状态

板块

地球表面由 7 块（可进一步分为 15 块）巨大的"拼图"组成，这些"拼图"被称为板块。它们的移动非常缓慢，每年只移动几厘米，其移动速度跟人类脚指甲生长的速度差不多。在地球上的某些地方，两个板块迎头相撞，形成山脉，引发地震和火山喷发。而在其他地方，它们又相互远离，它们之间形成新的地壳。

在这个地球模型上，板块都是分开的，但在现实中，板块的边界是以汇聚、离散或相互滑动等形式相接的。洋中脊就像棒球上的接缝一样环绕着地球，它是沿着离散板块边界连续分布的海底山脉。洋中脊是世界上最长的山脉，长65 000千米

▶ 非洲板块

非洲板块包括部分大西洋海底以及非洲大陆。该板块因东非大裂谷而正在分裂成两个不同的板块。若干万年后，一个新的大洋将沿着东非大裂谷形成，并把非洲大陆一分为二。

阿拉伯板块

太平洋板块和北美洲板块沿水平方向相互滑动时发生摩擦

在加利福尼亚海岸，板块每年移动约5厘米，这比大多数板块的移动速度都快得多

几乎整个太平洋都属于太平洋板块的组成部分

太平洋板块和纳斯卡板块正在相互远离

纳斯卡板块正在朝向南美洲板块移动并俯冲到它下方

印度板块

南极洲板块

北美洲板块　胡安·德富卡板块　加勒比板块　太平洋板块　科科斯板块　纳斯卡板块　南美洲板块　斯科舍板块　南极洲板块　亚欧板块　阿拉伯板块　印度板块　非洲板块　菲律宾板块　澳大利亚板块

地球上的板块

地球表面主要由七大板块组成，即北美洲板块、南美洲板块、太平洋板块、非洲板块、亚欧板块、澳大利亚板块和南极洲板块。另外还有至少8个小板块。它们与大板块紧密地连接在一起。

岩石圈

板块不仅仅包含地壳，还包括地幔的上部。地壳和上地幔顶部一起构成了一个低温且非常坚硬的层，称为岩石圈。在岩石圈之下，地幔岩石的温度更高，几乎达到了熔点。这种地幔岩石较软，可以非常缓慢地流动，流动的同时驱动着构块漂移。

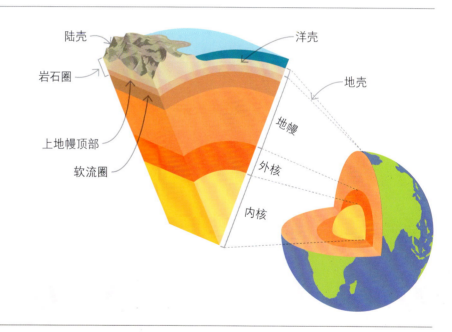

陆壳　洋壳　岩石圈　地壳　上地幔顶部　地幔　软流圈　外核　内核

洋中脊的发现

美国地质学家玛丽·撒普（1920—2006）是发现洋中脊系统的科学家之一，为板块构造学说的革命性突破奠定了基础。撒普和她的同事布鲁斯·希曾利用装载于船只上的深度测量仪绘制了大西洋的海底地图。地图上显示了一条巨大的、沿海洋中央延伸的山脉及裂谷。

板块分离

　　在世界上的某些地方，板块正在彼此分离，在地壳上撕裂出巨大的裂缝和峡谷。冰岛正好位于北美洲板块和亚欧板块之间的边界处，这两个板块正在分离。通常裂缝隐藏在海底，但在冰岛，我们可以清晰地看到地表上的构造裂痕。

▶ 熔岩灯中的对流

打开熔岩灯，观察对流作用。底部的灯泡加热了被液体包裹着的石蜡。热的石蜡膨胀，因而密度降低。这让它获得更多浮力而上升，随着这种移动，石蜡越来越膨胀。当远离热源时，石蜡因冷却而变得比周围液体的密度更大，在重力的作用下，冷却的石蜡发生下沉。如上所述的类似过程也同样发生在地幔中。

当远离热源时，石蜡开始冷却

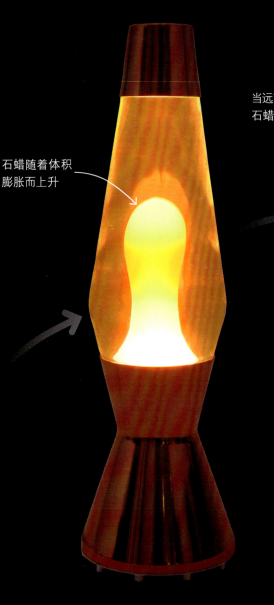

石蜡随着体积膨胀而上升

石蜡因被加热而膨胀

位于底部的灯泡释放热量

板块运动

构成地球最外层的板块一直在移动，其移动速度与人类脚指甲的生长速度大致相同。这种运动是由地球内部的活动引起的。目前，人们还没有完全了解其中的细节，但板块运动最重要的驱动因素是地幔的对流和地幔中热而软的岩石的上升。

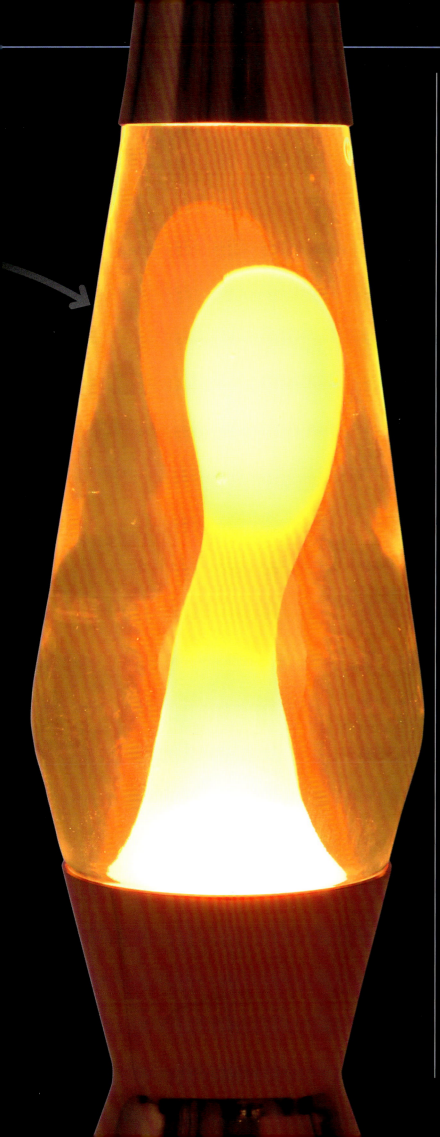

地幔对流

　　虽然大部分地幔是固态的岩石，但它被地核的热量软化了。软化的岩石通过对流上升，就像熔岩灯里的石蜡。这种从地核到地壳的热量传递驱动了板块的移动。然而，地球内部的对流比熔岩灯更复杂。地幔可以分为几层，而且地壳并不会像液体一样流动。

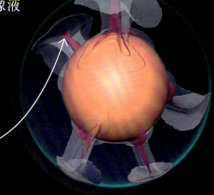

　　在地幔的某些部分，上升向地表的热岩石呈柱状，就像熔岩灯中的热石蜡

地幔对流的计算机模型

地幔对流理论

　　科学家们提出了两种不同的地幔对流模型，但他们不确定哪一个是正确的。

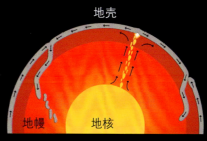

地壳

地幔　　地核

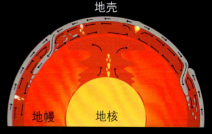

地壳

地幔　　地核

全地幔对流

　　根据此模型，对流搅动了整个地幔。地幔柱从地核上升到地壳后发生冷却，形成新的地壳，并将板块分隔开。在其他地方，板块相互碰撞并下沉到地幔底部。

分层对流

　　在分层对流模型中，地幔被分成不同的层，每一层都有自己的对流循环。下沉的板块在上下地幔的边界处停止，而推动板块分离的地幔柱形成于浅层。

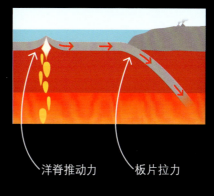

洋脊推动力　　板片拉力

重力的作用

　　重力在板块运动中起着重要作用。在洋中脊处，部分热的地幔上升并抬升海底。当新地壳在洋脊处形成时，它会把旧地壳推向一边，而重力会把地壳往下拉（洋脊推动力）。重力也会牵拉板块的俯冲边缘，因为这里的岩石比周围的地幔更致密且更重（板片拉力）。

板块碰撞

在某些板块边界处，一个板块会滑到另一个板块的下面。在另一些边界处，板块会分离或在水平方向上相互滑动。这3种类型的板块边界分别被称为汇聚型板块边界、离散型板块边界和转换型板块边界。

▼ 碰撞带

板块边界可以位于陆地、海底和海陆交会处。这些边界处是地球上最活跃的地方。在陆地上，山脉随着地壳的弯曲和折叠而上升。在海洋深处，大洋板块边缘被迫俯冲到地球的内部，形成了巨大的海沟。

汇聚型板块边界

汇聚型板块边界是两个板块正面碰撞的地方。在大陆板块和大洋板块的碰撞中，密度较大的大洋板块下沉到较轻的大陆板块下方，这被称为俯冲。板块俯冲把水带入地幔，导致岩石熔融，形成了火山。与此同时，大陆板块发生折叠和弯曲，形成了山脉。

某些离散型板块边界位于大陆的内部。地壳在这里被撕裂形成裂谷。裂谷可能被水淹没，从而形成湖泊

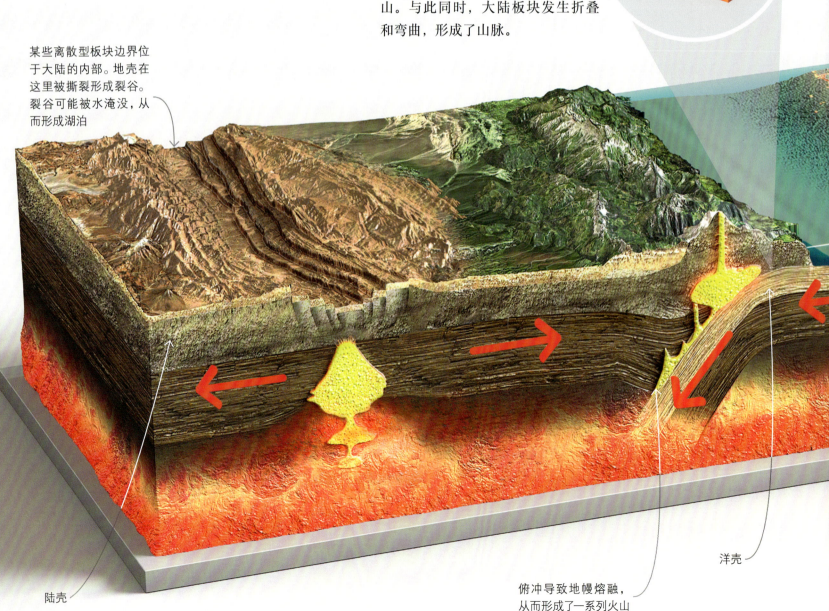

陆壳

俯冲导致地幔熔融，从而形成了一系列火山

洋壳

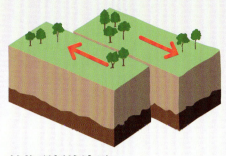

转换型板块边界

　　转换型板块边界是相邻板块在水平方向上相互滑动的地方。大多数转换型板块边界都位于海底，但也有一些例外，位于陆地上。

陆地断裂

　　圣安德烈亚斯断层是横跨美国加利福尼亚州的转换型板块边界。相邻的两个板块平均每年仅移动 2.5 厘米。然而，这种运动一直断断续续地发生，并产生强烈的地震。

温泉

　　在板块边界处常常表现出一些地热特征，如温泉、间歇泉和沸泥塘等。这些都是地下水被上升到地壳中的岩浆加热后所形成的。

离散型板块边界

　　离散型板块边界是相邻的板块发生分离的地方。随着板块的移动形成了长裂缝。来自地幔的热岩石上升，其中部分熔融，填满了裂缝。这个过程非常缓慢，形成了新的地壳。

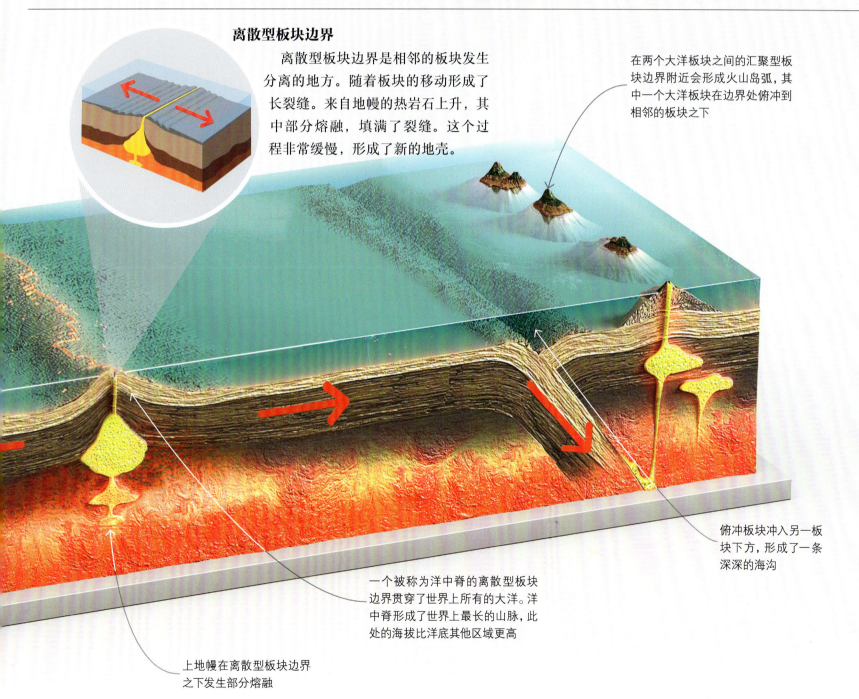

在两个大洋板块之间的汇聚型板块边界附近会形成火山岛弧，其中一个大洋板块在边界处俯冲到相邻的板块之下

俯冲板块冲入另一板块下方，形成了一条深深的海沟

一个被称为洋中脊的离散型板块边界贯穿了世界上所有的大洋。洋中脊形成了世界上最长的山脉，此处的海拔比洋底其他区域更高

上地幔在离散型板块边界之下发生部分熔融

3.6 亿年前

劳伦古陆和波罗的古陆合并形成了超大陆——劳亚古陆。这片大陆与冈瓦纳古陆隔着海，但这两个超级大陆正在朝着相互碰撞的方向移动。

劳亚古陆

冈瓦纳古陆

波罗的古陆

劳伦古陆

4.2 亿年前

波罗的古陆（包括现代欧洲的部分地区）和劳伦古陆（包括北美大陆和格陵兰岛）相向移动。它们之间的海洋区域慢慢变小，最终消失。

冈瓦纳古陆

5 亿年前

5 亿年前，地球北半球的大部分区域是海洋。南半球由一个被称为冈瓦纳古陆的超级大陆和几个较小的大陆组成。

泛大洋

泛大陆

山脉

北美洲

大西洋

非洲

北美洲

北大西洋

非洲

南美洲

南极洲

3 亿年前

劳亚古陆和冈瓦纳古陆相撞形成了泛大陆。这次碰撞形成了贯穿大陆中心的山脉，这条山脉从现今的墨西哥一直延伸到波兰。泛大陆被一个巨大的海洋——泛大洋所包围。

1.8 亿年前

裂谷将泛大陆撕裂成两块，之后海水淹没了裂谷，形成了现今位于北美洲和非洲之间的北大西洋的雏形。

1.2 亿年前

更多的裂谷像拉链一样将南美洲和非洲陆地块分开，形成了南大西洋。印度板块和南极洲陆地块也脱离出来，然后慢慢地漂走了。

大陆漂移

大陆漂移理论是由德国地球物理学家阿尔弗雷德·魏格纳于 1912 年提出的。他发现南美洲和非洲的海岸轮廓就像相邻的拼图边缘一样，因此认为它们曾经连在一起。他在这两个大陆上发现了相互匹配的岩石和化石，但无法解释是什么原因让它们彼此分开了，他的理论最初受到了人们的嘲笑。直到他因试图穿越格陵兰冰盖而失去生命后，其理论才最终被人们所接受。

大陆变迁

地球板块的移动速度和人类脚指甲的生长速度差不多，随着时间的推移，板块携带着大陆发生了变化。大陆合并成超级大陆，然后分裂。海洋也曾分分合合。这些令人难以置信的变化的证据有很多来源，包括化石、海底调查和岩石中的磁性。

华莱士线

华莱士线是一条假想的线，将东洋区与大洋洲区分开。它标志着泛大陆分裂时形成的古代大陆之间的边界。在这次分裂之后，分界线两侧的动物遵循着不同的方式继续进化。这条线的东侧进化出了袋鼠等有袋类动物，而线西侧的哺乳动物则没有育儿袋。

4 000 万年前

大西洋的面积扩大了，北美洲和亚欧大陆进一步分离，地球上的大陆开始呈现出现在的形状。非洲向北漂移直到撞上亚欧大陆，特提斯洋消失。碰撞形成了阿尔卑斯山脉。

现在

现在，地球上有 7 个被命名的大陆，并不是一个单独的超级大陆。印度板块目前正在撞向亚欧大陆，并持续推高喜马拉雅山脉。太平洋虽然是世界上面积最大的洋，但其面积却正在变小。

你可能感觉脚下的地面坚如磐石，但其实**板块**"拼图"是在不断地移动和分裂的。有时地下的突然变动会让地面发生剧烈震动，引发**地震**。岩浆从**地幔**的熔融部分渗入地壳，偶尔从**火山喷出**地表。

火山和地震

火山世界

　　火山和地震有力地提醒着我们，在我们脚下发生着构造活动。虽然我们知道这些致命的危险活动最有可能在哪里发生，但是预测灾难发生的时间却是非常困难的。

阿留申海沟是因太平洋板块下沉到北美洲板块下面而形成的

亚欧板块

东非大裂谷正在缓慢地分裂非洲

阿拉伯板块

非洲板块

印度板块

菲律宾板块

印度-澳大利亚板块

南极洲板块

维苏威火山
公元79年，意大利的维苏威火山喷发，庞贝古城被掩埋在火山灰和岩石之下。大多数人丧命于极高温度的火山灰中。

日本东北地区近海地震和海啸
2011年，日本东北地区近海发生地震，其引发的海啸席卷了日本东北部，摧毁了数千座房屋，导致福岛核电站发生泄漏，从而造成核灾难。

▼ 动态地球

大多数火山喷发和地震发生在板块的边界处。在这些碰撞区，当板块相互挤压或分离时，岩浆便会形成，而这些岩浆会渗入地壳，为火山喷发提供源动力。当整个或部分板块在突然的震动中发生相互位移，向地面发出冲击波时，地震就产生了。

● 过去1万年里喷发过的火山

● 过去100年里发生过6级以上地震

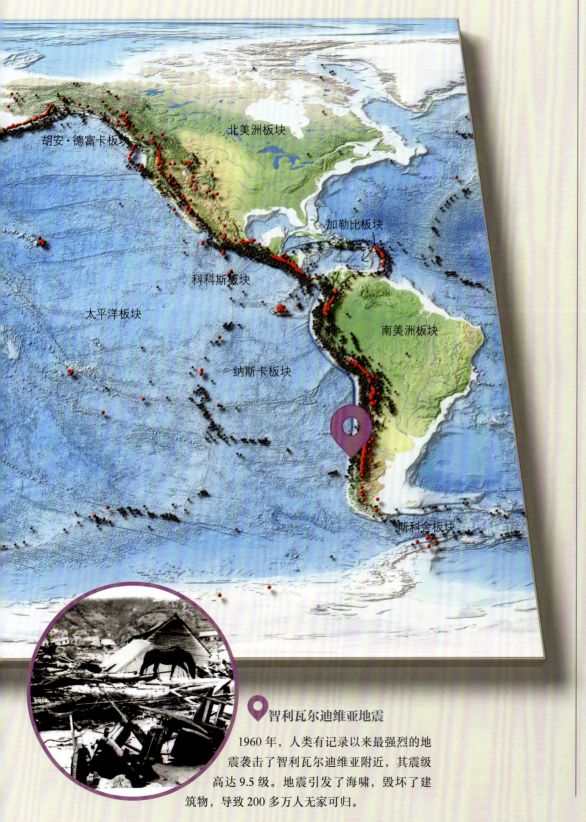

胡安·德富卡板块

北美洲板块

加勒比板块

科科斯板块

太平洋板块

纳斯卡板块

南美洲板块

斯科舍板块

智利瓦尔迪维亚地震

1960 年，人类有记录以来最强烈的地震袭击了智利瓦尔迪维亚附近，其震级高达 9.5 级。地震引发了海啸，毁坏了建筑物，导致 200 多万人无家可归。

环太平洋火山带

全世界 75% 的火山都位于环太平洋火山带，90% 的地震都在这里发生。此地带由几个不同的板块边界组成，其范围从新西兰一直延伸到俄罗斯，还包括南北美洲的西海岸。

太平洋

环太平洋火山带 →

活火山

活火山（仍与岩浆房相连的火山）成群出现。美国是全世界活火山最多的国家之一，共计 165 座，而澳大利亚大陆在过去的 1 000 年里没有发生过火山喷发。在 20 世纪，大约有 500 座火山曾经喷发过。

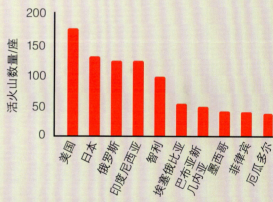

活火山数量/座

美国　日本　俄罗斯　印度尼西亚　智利　埃塞俄比亚　巴布亚新几内亚　墨西哥　菲律宾　厄瓜多尔

持续 200 万年的喷发

约 2.52 亿年前，世界上 90% 的物种都神奇地灭绝了。有些科学家认为火山是罪魁祸首。因为大约在同一时间，熔岩洪流从一座西伯利亚的巨大火山中流出，且持续流淌了 200 万年。

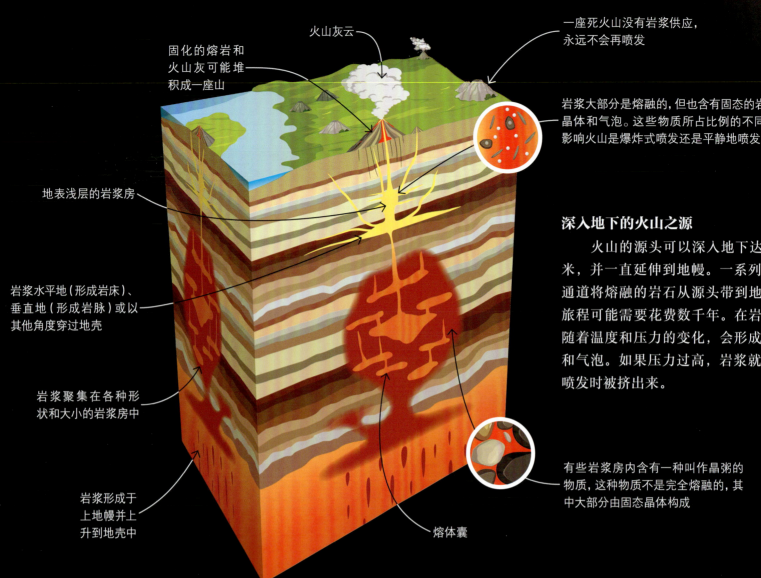

火山灰云

固化的熔岩和
火山灰可能堆
积成一座山

一座死火山没有岩浆供应，
永远不会再喷发

岩浆大部分是熔融的，但也含有固态的岩石
晶体和气泡。这些物质所占比例的不同会
影响火山是爆炸式喷发还是平静地喷发

地表浅层的岩浆房

岩浆水平地（形成岩床）、
垂直地（形成岩脉）或以
其他角度穿过地壳

岩浆聚集在各种形
状和大小的岩浆房中

岩浆形成于
上地幔并上
升到地壳中

熔体囊

深入地下的火山之源

火山的源头可以深入地下达 100 多千
米，并一直延伸到地幔。一系列岩浆房和
通道将熔融的岩石从源头带到地表，这一
旅程可能需要花费数千年。在岩浆房内，
随着温度和压力的变化，会形成岩石晶体
和气泡。如果压力过高，岩浆就会在火山
喷发时被挤出来。

有些岩浆房内含有一种叫作晶粥的
物质，这种物质不是完全熔融的，其
中大部分由固态晶体构成

当岩浆溢出到地
表时，被称为熔岩

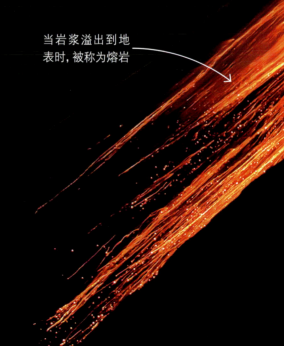

火山

岩浆溢出地表，冷却后与其他火山沉积物形成的
山体就是火山。岩浆在地表之下的上地幔形成。地幔
通常是固态的，但在板块边界或其他高温区域会小部
分熔融，这种炽热的液体随后会穿过地壳上升，通过
裂缝渗出，将岩石熔融并在岩浆房内聚集。在火山最
终喷发之前，岩浆可能已经在岩浆房中等待了数千年。

大多数熔岩通过主火山口喷出

▲ 通古拉瓦火山

通古拉瓦火山是厄瓜多尔最活跃的火山之一。有时，它的喷发产生了熔岩流，而另一些时候，它喷发出火山灰云、岩石碎片和火山弹。经过数千年的时间，固化的熔岩和火山碎屑堆积成一个锥形的山，这就是层状火山。

火山喷发预测

通过寻找岩浆运动的迹象有可能预测火山喷发。有时，由于岩浆房发生膨胀，地面会呈现出上升的迹象。当岩浆从地下裂缝中喷出时就会形成地震。上升的岩浆也可能释放出可以测到的二氧化碳和二氧化硫等气体。

变化的岩浆

当岩浆被保存在岩浆房中时，其成分会随着一种又一种元素形成晶体而缓慢变化，随后，晶体在岩浆中发生下沉。

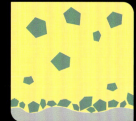

1 冷却

岩浆冷却时形成晶体。它们的密度比液态岩石的大，所以会下沉并堆积在底部。

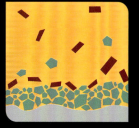

2 新的晶体

结晶过程消耗了某些元素。当这些元素耗尽后，另一种晶体开始形成。

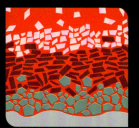

3 岩浆的变化

这一过程不断发生，岩浆的化学成分也在发生变化。这影响着火山喷发的频率和危险程度。

▶ **爆炸式火山喷发**

　　1980 年 5 月 18 日，美国华盛顿州的圣海伦斯火山发生了一次普林尼式火山喷发，这是最猛烈的一种火山喷发类型。由地震引发的山体滑坡让带有压力的岩浆和气体在火山北面发生爆炸。爆炸摧毁了山顶和山的北面，形成了一个直径 1.6 千米的火山口，5.4 亿吨滚烫的火山灰被抛向天空。

1973年

1982年

火山喷发

　　火山喷发是地球上最可怕的自然事件之一。它们可以让大片地区被火山灰覆盖，并摧毁城镇，剥夺很多人的生命。但火山喷发的同时也形成了新的土地，还让土壤变得肥沃，这对于农业来说是有益的。火山喷发的类型可能是不同的。喷发的类型取决于岩浆的成分、温度、气体含量以及黏性。

火山口

溢流式喷发

　　并不是所有的火山喷发都是爆炸式的。2012 年，俄罗斯的托尔巴奇克火山在喷发时产生了长达 20 千米的流动的熔岩流。这种流动（不黏稠的）熔岩的喷发被称为溢流式喷发，其时间可以持续数月之久。熔岩在冷却后会变硬，大多形成一种叫作玄武岩的岩石。

火山灰是炽热的气体、岩石碎片和火山碎屑的混合物。火山灰云可以借助风的力量飘散数千米，然后下沉至地面形成尘埃层

压力的释放

　　爆炸式喷发与气泡有关。气泡在岩浆房中形成，在流动的岩浆中，气泡上升到表面并破裂，但气泡会在黏性岩浆中积聚。压力的突然释放使气泡发生膨胀，并让岩浆变成泡沫。其结果就是爆炸式喷发，有点像摇晃碳酸饮料后再打开的效果。

火山喷发类型

　　火山学家根据火山喷发的规模和爆炸程度将其分为几种不同的类型。

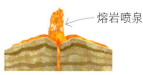

熔岩喷泉

夏威夷式火山喷发的特点是熔岩喷泉和流动的玄武岩岩浆。

斯特龙博利式火山喷发是由岩浆通道中的气泡引发的小型爆炸引起的。它们可以将火山弹抛掷出数百米高。

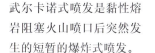

火山碎屑流

武尔卡诺式喷发是黏性熔岩阻塞火山喷口后突然发生的短暂的爆炸式喷发。

培雷式火山喷发由被困的气体提供动力，具有爆炸性。它们会造成致命的火山碎屑流。

菩林尼式火山喷发是最猛烈且最致命的。如此多的气体被困在黏性岩浆中，在压力释放的瞬间变成了泡沫。泡沫以极快的速度向外爆炸，并立即凝固，形成数千米高的火山灰烟柱。

火山灰烟柱

岩浆与水

　　当岩浆与水相遇时，岩浆的热量将液态水变成水蒸气，这个过程可能会引发爆炸。1963 年，一次发生在大西洋海底的大规模火山喷发形成了位于冰岛海岸之外的叙尔特塞岛。这种喷发类型现在被称为叙尔特塞式火山喷发。

火山的类型

火山都是不一样的。有些火山像山一样耸立在地表之上，有些火山只在地面呈现出一个洞或完全隐藏在水下。最活跃的火山不断地喷出熔岩，而有些火山则可以在休眠几个世纪之后毫无征兆地喷发。火山主要有六种类型：熔岩穹丘、裂隙式火山、火山渣锥、破火山口、盾形火山和层状火山。

熔岩穹丘

黏性熔岩在喷发时无法流动。相反，它会慢慢渗出，形成一个陡峭的穹丘。有时，穹丘的内部会处于熔融状态，若被挤出则形成尖峰。有时，穹顶可能会完全坍塌，形成火山碎屑流。

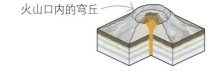

火山口内的穹丘

美国阿拉斯加州诺瓦鲁普塔火山的熔岩穹丘

裂隙式火山

裂隙式火山有一条长长的地面裂缝，流动的熔岩从裂缝中喷出，常常形成熔岩幕。这类火山的喷发形成了地球上规模最大的熔岩流。

美国夏威夷州基拉韦厄火山上的裂隙

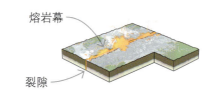

熔岩幕

裂隙

火山渣锥

这些小的锥形火山是由火山口喷出的火山碎屑堆积而成。火山渣锥有陡峭的斜坡和一个中央火山口，且很容易被侵蚀。它们可以在层状火山的侧面出现，有时也会成群出现。

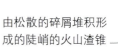

火山口

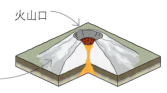

由松散的碎屑堆积形成的陡峭的火山渣锥

土耳其梅克火山口

破火山口

如果一次猛烈的火山喷发清空了位于火山下方的部分岩浆房，那么地面可能会发生塌陷，形成一个破火山口。破火山口直径可达几十千米，而且经常会积水从而形成湖泊。

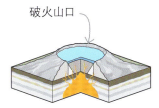

破火山口

厄瓜多尔的基洛托阿火山湖

盾形火山

盾形火山是由流动的熔岩形成的，这些熔岩分布范围非常广，其坡度平缓，体积很大。地球上最大的火山就属于盾形火山。

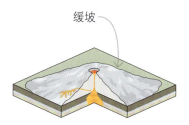

缓坡

美国夏威夷州的冒纳罗亚火山顶

层状火山

这些大火山呈独特的圆锥形，因此很容易辨认。层状火山是由黏稠的熔岩喷发逐层堆积而成的。熔岩流中夹杂着火山喷发出来的火山灰和浮岩。

熔岩和火山灰叠层

日本的富士山

熔岩流动

熔岩是火山喷发后流向地球表面的熔融的岩石。并非所有熔岩都是我们所熟悉的炽热液体。根据其温度和成分的不同，熔岩可以像糖浆一样流动，也可以像粥一样稠，还可以像一堆滑动的碎石一样硬。即使是厚重的熔岩也可以移动相当远，它凝固的外壳隔绝了熔融的内部与外界之间的热量交换。

绳状熔岩
冷却的熔岩
外壳
溢流
熔岩趾

熔岩的黏性

熔岩的黏度取决于温度以及二氧化硅含量，二氧化硅含量越高，熔岩就越浓稠。非常黏稠的熔岩不容易流动，而且会引发爆炸性喷发。流动的熔岩不太可能引起爆炸，但可以流动很长一段距离。

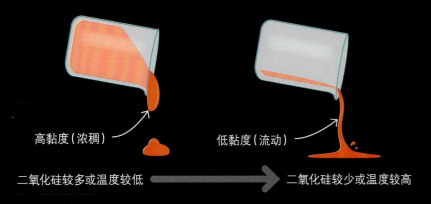

高黏度（浓稠）　　　低黏度（流动）

二氧化硅较多或温度较低　━━▶　二氧化硅较少或温度较高

熔岩流表壳类型

熔岩的种类繁多，这取决于其化学成分、温度以及所含的水、气体和岩石晶体的数量。渣状熔岩和绳状熔岩这两个名字源自夏威夷语，熔岩流在夏威夷很常见。

渣状熔岩

渣状熔岩是一种浓稠的、呈碎渣状的熔岩，它会把阻挡其流动的东西推平。熔岩流的外缘在冷却时变硬，形成阻碍，把熔岩流增厚到远离于地面。渣状熔岩的参差不齐的表面即使冷却后，人们也很难在其上面行走。

▼ 绳状熔岩

绳状熔岩流动性强，黏度像做煎饼的面糊。其前部呈瓣状，被称为熔岩趾。当其表面冷却、变硬，而其内部却继续流动，就会拉伸、折叠成美丽的外形。

枕状熔岩

　　熔岩在水下喷发时会迅速冷却并形成枕头形状。虽然枕状熔岩看起来很不寻常，但它实际上是最常见的熔岩类型，因为大多数熔岩流都发生在海洋中。

块状熔岩

　　与其他熔岩相比，块状熔岩更加黏稠且移动缓慢。当熔岩冷却时，其表面会形成边缘锋利的块状物。这些块状物可能会很大，有时会从熔岩流的前端滚落下来。

碳酸熔岩

　　碳酸熔岩是一种罕见的黑色熔岩，只能在非洲坦桑尼亚的一座火山上看到。它比其他熔岩含有的二氧化硅更少，所以更易流动。这种熔岩在较低的温度下喷发，因此并没有呈现出常见熔岩那种发光的外表。

熔岩管

　　在绳状熔岩中，由于凝固的外壳将其内部的熔岩隔离开来而形成熔岩管。这使得内部的熔岩可以在下面流动很长一段距离，在熔岩停止流动并干涸后，在地下就会形成管状空洞。

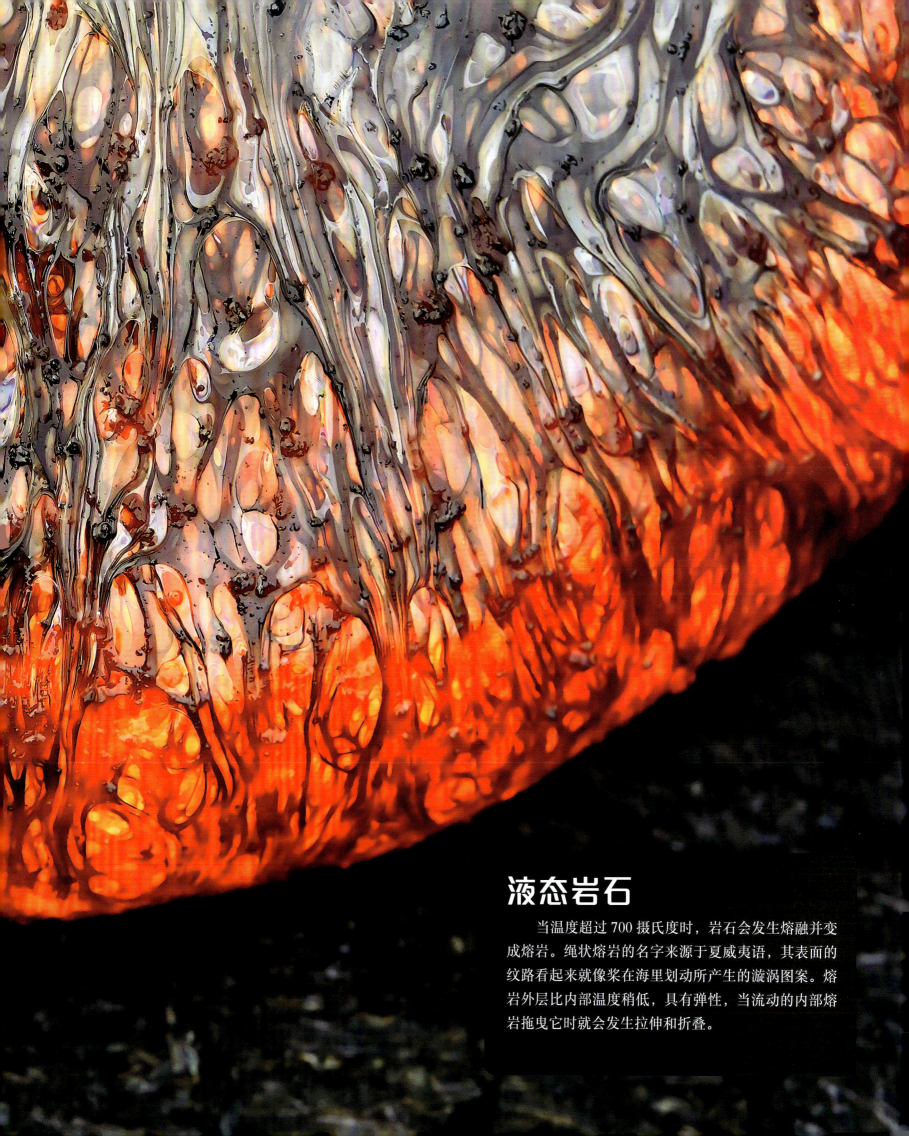

液态岩石

　　当温度超过 700 摄氏度时，岩石会发生熔融并变成熔岩。绳状熔岩的名字来源于夏威夷语，其表面的纹路看起来就像桨在海里划动所产生的漩涡图案。熔岩外层比内部温度稍低，具有弹性，当流动的内部熔岩拖曳它时就会发生拉伸和折叠。

熔岩冷却

不同类型的火山喷发会产生很多不同种类的熔岩，这些熔岩冷却并凝固成各种奇妙的火山碎屑。通过研究火山碎屑，火山学家们可以推算出一座火山未来可能会发生什么类型的喷发。

火山渣

火山渣是一种多孔状火山岩——一种充满由熔岩内部气体形成的气孔的岩石。它的孔洞比浮石的大，但没浮石的多，其密度更大，因此不会漂浮在水上。形成火山渣的熔岩通常比形成浮石的熔岩黏度小，这使得被困在内部的空气更容易逸出。

火山毛（佩蕾的头发）

当熔岩从悬崖滴落或被喷射向高空时，熔岩滴可以伸展成又长又细的丝。这被称为火山毛，也叫佩蕾的头发，佩蕾是夏威夷神话中的火女神、火山女神以及创造女神。

浮石的密度比水小

一撮火山毛

网状火山渣有很多孔洞，一般情况下，你可以直接透过它看到后面的东西

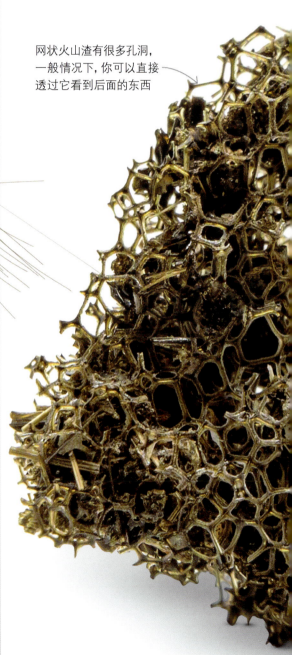

火山玻璃

火山玻璃是由于熔岩冷却过快无法形成晶体而形成的。和普通的玻璃一样，火山玻璃也富含二氧化硅。它可以碎裂成如剃刀般锋利的碎片，从石器时代开始它就被用来制作箭头和刀具。黑曜岩是一种酸性的火山玻璃岩，是一种表面光滑的深色岩石。

浮石

火山爆炸式的喷发将火山灰和浮石喷射到空中。火山内部的黏性岩浆会困住气体并形成微小的气泡。岩浆冷却后形成浮石，这种岩石非常轻，可以漂浮在水面上。在海底火山发生喷发后，海面上就会出现大量浮石。

玻璃般的锋利边缘

细的、断开的末端，说明可能曾经存在过火山毛

火山泪（佩蕾的眼泪）

小块的液体熔岩落向地面时形成泪滴的形状。这些火山泪也被称为佩蕾的眼泪，它们可以形成于火山毛的末端。

被火山灰覆盖的庄稼

网状火山渣

这种火山岩形成于高耸的熔岩喷泉中。它布满了孔洞，非常轻，可以被风吹得像风滚草一样滚动。

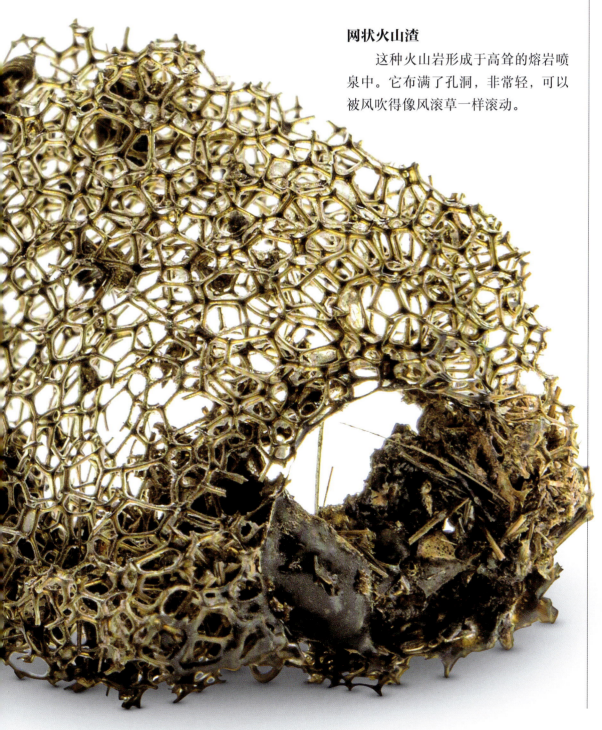

火山灰

火山喷发产生的火山灰云由数十亿粒微小的火山玻璃碎片组成。在一次爆炸性喷发中，岩浆中的气体膨胀并将岩浆粉碎成微小的颗粒，这些颗粒在空气中冷却变硬成为火山灰。在意大利的埃特纳火山附近，司机们必须每年更换两次汽车轮胎，因为地面上的火山灰会磨损轮胎橡胶。

火山弹

火山爆发时，这些危险的喷发物常常被喷射到空中。面包皮状火山弹的外壳首先发生冷却并凝固，然后随着气体逸出，就会像面包皮一样破裂。牛粪状火山弹在落地时质地仍然很软，因此会形成更扁平而不均匀的盘状外形。

面包皮状火山弹

牛粪状火山弹

熔岩树

这些熔岩树桩是由凝固的熔岩构成的。流动的熔岩可以吞没活着的树木，然后冷却并在其周围形成固体外壳。这样一来，熔岩树记录了树的外形，而真正的树早已被烧毁了。

夏威夷的熔岩树

火山碎屑流

火山碎屑流内部的温度可以达到200~700摄氏度

火山碎屑流是火山最致命的产物之一，它由过热的气体、火山灰和岩石组成，如雪崩一般紧贴地面向坡下流动。火山碎屑流会烧毁沿途的所有东西，并将地表埋在成吨的火山碎屑之下。

▶ 皮纳图博火山

1991 年 6 月 15 日，菲律宾的皮纳图博火山喷发，这是 20 世纪第二大火山喷发。火山碎屑流沿着火山斜坡奔涌，火山沉积物填满了山谷。这张照片是一名摄影师躲在疾驰而去的卡车的后车厢里拍下的。

上升的火山灰云被称为凤凰云

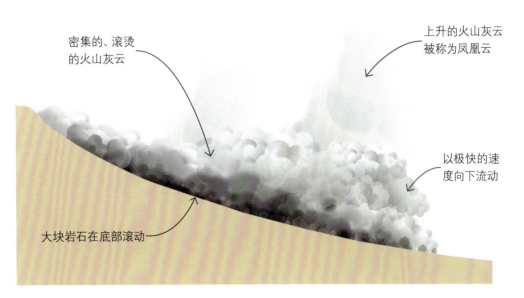

密集的、滚烫的火山灰云

以极快的速度向下流动

大块岩石在底部滚动

火山碎屑流的内部

火山碎屑流的内部动荡剧烈，携带着从滚烫的灰尘到大块岩石的各种碎屑物。快速流动的碎屑流烧毁了火山斜坡上的植被，侵蚀了地面，并点燃了沿途的所有东西。

来自皮纳图博火山的碎屑流填满了山谷，其产生的火山碎屑厚达200米

火山碎屑流是如何形成的

火山碎屑流有几种不同的形成方式。有些碎屑流主要包含火山灰和气体，而另一些则满是碎石。它们都以极快的速度向山下冲去，有时速度高达每小时 700 千米。

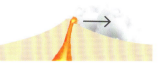

侧向喷发

火山向一侧喷发，而不是垂直喷发。

穹丘坍塌

火山喷发破坏了结构不稳定的熔岩穹丘，造成了热岩石的坍塌。

火山灰云坍塌

巨大的火山灰云会随着较重物质的坠落而发生坍塌。

溢出

厚重的火山灰会上升一小段距离，然后坠落并滚下山坡。

维苏威火山

公元 79 年，意大利的庞贝古城被维苏威火山喷发产生的火山碎屑流所吞没。大约 1 500 年后，人们发现了这座被掩埋的城镇的一些遗迹，后来又发现了人体形状的空洞，随后制作了受害者的模型。这些受害者死于滚烫的高温和吸入的火山灰。

喀拉喀托火山

1883 年，印度尼西亚的喀拉喀托火山喷发，这次喷发造成 36 000 多人死亡。火山碎屑流冲入大海，引发了海啸。1928 年，火口湖中冒出一座新山峰，直到今天，这座次生火山仍然存在。

印度尼西亚的喀拉喀托火山

破火山口

大规模的喷发会让火山向内陷落，形成一个更大的火山口——破火山口。破火山口里经常会积水，从而形成湖泊，这是地球上最宁静的地貌景观之一。但这些美丽地方的存在证明了过去曾发生过极其猛烈的火山活动。

地面的上升和下降

意大利南部的波佐利市坐落于破火山口内。现在，位于海平面以上的古罗马遗址内有海洋贻贝留下的洞，说明自古罗马时代以来，这片土地曾沉入海平面以下，而现在只是再次上升了。这证明了随着时间的推移，活跃的岩浆房能让地面发生上升和下降的变化。

▼ 火山口湖

美国俄勒冈州的火山口湖，是由 7700 年前一次惊天动地的火山喷发形成的。后来的喷发又形成了巫师岛，这是一个位于湖中的小火山锥体。深 594 米的火山口湖是美国最深的湖，也是世界第九深的湖。没有任何河流流入该湖。湖中清澈的水完全来自雨水和融化的雪水。

破火山口壁

火山口湖的直径最大可达10千米

圣托里尼岛

　　希腊的圣托里尼岛有一个位于水下的破火山口。大约3600年前，一次大规模的火山喷发摧毁了史前城市阿克罗蒂里，并引发了海啸，淹没了附近的岛屿。火山喷发摧毁了火山的中心区域，只留下了一圈露出水面的岛屿。

缓慢坍塌

　　不是所有的破火山口都是突然形成的。2014到2015年，火山学家观察了冰岛巴达本加破火山口的逐渐形成过程。随着熔岩慢慢地从岩浆房溢出至地表，破火山口在6个多月的时间里逐渐形成，如今这里成了平坦的平原。

火山口湖的形成

　　当一次大型火山喷发清空了全部或部分岩浆房，当火山坍塌进这个空间，破火山口就形成了。俄勒冈的火山口湖形成于一个被称为梅扎马火山的层状火山坍塌之时。

❶ 压力越来越大

在喷发之前，梅扎马火山的山峰高3 650米，其下方有一个巨大的岩浆房。

❷ 火山喷发

一次爆炸性的火山喷发清空了部分岩浆房，导致火山顶部变得不稳定。

❸ 坍塌

火山顶部坍塌，形成了一个破火山口。梅扎马火山被摧毁的高度超过2 400米。

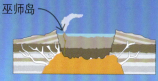

巫师岛

❹ 淹没

破火山口被淹没，形成了一个湖。后来的火山喷发形成了熔岩穹丘和小型火山锥。其中一个形成了巫师岛。

巫师岛

热点

　　地球上一些大型的火山位于地质学家称之为热点的地方。这些位于地壳上的点在地幔柱之上，地幔柱是从地幔深处甚至地核处升起的热岩柱，可以将热量带到地球表面。热点处的火山产生了大量流动的玄武岩熔岩，这些熔岩会在海底积聚，形成岛屿。如在夏威夷，随着海底板块缓慢地穿过热点，火山岛链就形成了。

▼ 夏威夷基拉韦厄火山

夏威夷的基拉韦厄火山是世界上最活跃的火山之一。其山顶有一个叫作赫尔莫莫的喷火口，有时会被熔岩填满并形成熔岩湖。熔岩湖是很罕见的，全世界只有几个。基拉韦厄火山两侧裂隙的喷发会使这个深湖中的熔岩外流，形成流向大海的熔岩河。

夏威夷群岛

夏威夷群岛是太平洋板块在一个热点上缓慢移动时形成的。热点熔融了位于其上方的岩石圈，产生了岩浆，然后岩浆喷发形成了一个又一个新的岛屿。只有较新的岛屿还存在活火山。更古老的火山已经休眠或死亡，而且很多火山已经被侵蚀并沉入了海洋中。

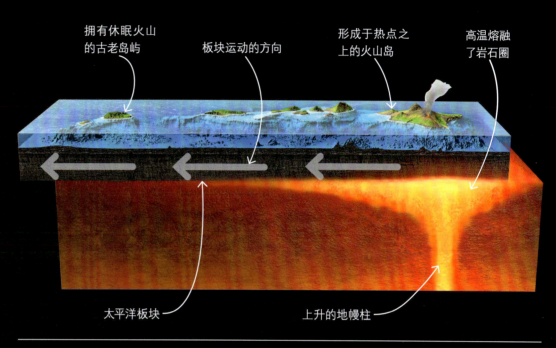

拥有休眠火山的古老岛屿　　板块运动的方向　　形成于热点之上的火山岛　　高温熔融了岩石圈

太平洋板块　　　　上升的地幔柱

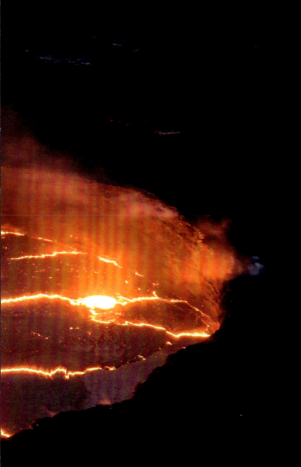

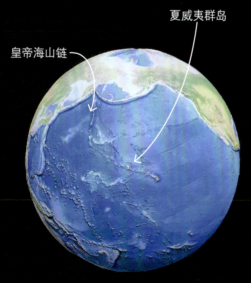

皇帝海山链　　夏威夷群岛

夏威夷-皇帝海山链

夏威夷群岛是绵延6 200千米的岛链和水下山脉（海山）——夏威夷-皇帝海山链的一部分。这个巨大的构造是8 500万年以来太平洋板块在一个热点之上缓慢运动形成的。山链的形状向我们展示了板块的运动，而链条的弯曲则

火山女神

根据夏威夷神话，火和火山女神佩蕾就住在基拉韦厄火山上的赫尔莫莫火山口。佩蕾的性格暴躁，经常和她的姐姐——海神打架。佩蕾被从一个岛驱赶到另一个岛，每次都为自己挖一个火坑，从而造成新的火山喷发。这些古老的故

环礁

如果坐飞机飞越热带海洋，你可能会看到中间有蓝色潟湖的环状岛屿或环状珊瑚礁。这些环礁是由一种叫作珊瑚虫的小型海洋生物"建造"而成的。珊瑚有碳酸钙构成的坚硬骨架，它们大量集群繁殖。成千上万年来，死亡的珊瑚虫的骨骼不断堆积，形成了珊瑚礁，这里的生物多样性令人惊叹。

▼ 博拉博拉岛

博拉博拉岛位于南太平洋一座死火山周围。它与死火山之间存在一个潟湖。珊瑚礁保护潟湖不受海浪的影响，使平静的水域成为一些虹、金梭鱼、鲨鱼以及其他鱼类的栖息地。

死火山的岩浆房中不再含有岩浆，因此不会喷发

潟湖是被沙洲或珊瑚礁与海洋隔开的浅水水体，类似湖泊

沉没的岛屿

大约200年前，英国博物学家查理·达尔文绘制了一张地图，上面标注了他在环球航海旅行中发现的所有环礁，并提出了环礁形成于沉没的岛屿周围的理论。

❶ 岛的形成

热点火山形成了一个岛屿，然后在岛屿周围生长出一个珊瑚礁——岸礁。一旦岩浆房冷却，火山就会死亡。

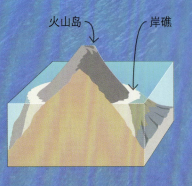

火山岛　　岸礁

❷ 侵蚀和下沉

由于被侵蚀或海底下沉，或两者兼而有之，岛屿下沉。珊瑚礁向上生长，并保持在略低于海平面的高度。在岛屿和珊瑚礁之间形成了一个潟湖。

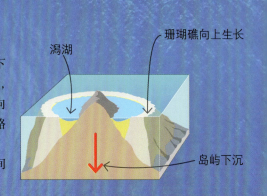

潟湖　　珊瑚礁向上生长

岛屿下沉

珊瑚群落

珊瑚群落有各种各样的颜色、形状和大小。有些看起来像树枝，有些看起来像树叶或花朵。扇形珊瑚伸入水中，试图捕捉食物，而花瓶形状的珊瑚则是鱼类的藏身之处。

随着潟湖一侧珊瑚虫的死亡，珊瑚被分解成沙粒

波浪在珊瑚礁的外缘破碎，形成浪花带

❸ **环礁生长**

最终，岛屿消失了，只剩下一个环形的珊瑚礁——环礁。环礁的外部向上、向外生长，内部逐渐破碎而形成沙粒，沉积在潟湖底部。

珊瑚礁内部受到侵蚀

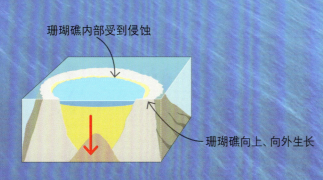

珊瑚礁向上、向外生长

环礁国家

马尔代夫位于印度洋，由大约 1 200 个小型珊瑚岛组成，它们呈环形排列，形成26组巨大的环礁。马尔代夫的地势很低，其海拔最高点只有 2.4 米。

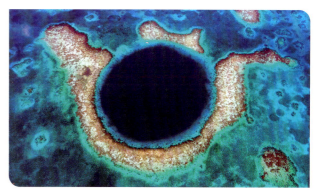

大蓝洞

并不是所有的环礁都是从下沉的岛屿演变而来的。加勒比海的大蓝洞曾经是陆地上的洞穴，当时的海平面比现在低。洞穴的顶部坍塌形成了一个天坑，后来海平面上升并填满了它，从而形成了环礁。

努库罗环礁

位于太平洋的努库罗环礁是另一个因海平面变化而形成的环礁。很久以前，海平面下降，这里浅水下的石灰岩海底变成了陆地。石灰岩被侵蚀成碗状，当海水再次上升时，它就变成了环礁。

间歇泉和沸泥塘

我们脚下的土地不仅仅只有岩石，它还含有地下水。地下水通过迷宫般的隐藏通道潺潺流淌，渗入较软的岩层中，就像水渗入海绵。当火山加热这些地下水时就会形成神奇的地热现象。热水和蒸汽通过裂隙喷涌到地表，富含矿物质的热水在地表形成了温泉、间歇泉、沸泥塘等，还有不常见的岩石构造。

▶ **冰岛的斯特罗库尔间歇泉**

间歇泉是周期性喷出水和蒸汽的泉。斯特罗库尔间歇泉是喷泉式间歇泉，也是冰岛喷发最规律的间歇泉。每隔6~10分钟，滚烫的泉水就会喷射到20米高的地方，不过据说它曾经能喷射至此高度的两倍。

间歇泉是如何形成的

在火山活动地区，熔岩使地下水沸腾，但蒸汽被困住，不断积聚并周期性喷发，就形成了间歇泉。在斯特罗库尔间歇泉，被困住的蒸汽使蒸汽房膨胀并使热水和蒸汽喷发出来。压力的突然释放形成了一个爆炸性的充满热水和蒸汽的喷泉。这一过程循环往复。

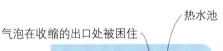

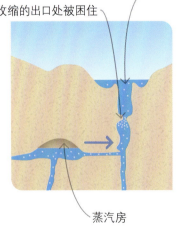

气泡在收缩的出口处被困住　热水池　　蒸汽房

❶ 蒸汽积聚

蒸汽上升到将它们困住的区域。收缩的出口会困住更多的蒸汽，导致压力上升。

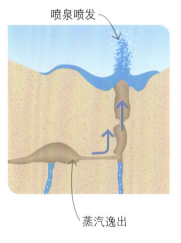

喷泉喷发　　蒸汽逸出

❷ 喷发

被困的蒸汽逸出，释放压力。压力的突然下降使滚烫的水沸腾，形成爆炸式喷泉。

温泉生活

　　并不是所有的温泉都是滚烫的，有些温泉的温度很适宜泡澡。即使是最热的温泉里也存在生命。被称为"嗜极微生物"的微生物能够承受高温，并能从溶解在水中的矿物质中获取能量。一些科学家认为，地球上最早的生命形式可能就是如此存活的。

锥形间歇泉

　　喷泉式间歇泉一般是从水池中喷出的，而锥形间歇泉是从烟囱状的泉华中喷出的，泉华是一种由泉水沉积形成的岩石矿物。位于美国内华达州的飞翔间歇泉，其鲜艳的色彩要归功于嗜热藻类。

沸泥塘

　　沸泥塘是沸腾的泥潭。它们形成于温泉水相对较少的地方，下方的岩石被酸性气体和嗜极微生物所侵蚀。这就形成了一种黏稠的灰色泥浆，蒸汽和热水会从泥浆中喷发出来。有些温度适宜的热泥塘，可以让人坐进去。人们认为这种泥对皮肤有好处。

钙华池

　　从温泉中冒出来的水富含在地下溶解的矿物质。随着水的流失和蒸发，矿物质在地面上结晶，形成坚硬的外壳。在土耳其的山区，上述过程创造了自然奇观——由白色的钙华组成的阶梯，里面满是绿松石色的水。这个地方被称为"棉花堡"，2 000多年来一直吸引着游客。

超级火山

超级火山可以产生灾难性的强喷发。一次强喷发可以将整个国家都掩埋在厚厚的火山灰之下，并释放出大量的火山气体来改变气候。在喷发地，火山碎屑流摧毁了沿途的一切，火山坍塌成一个巨大的破火山口。值得庆幸的是，超级火山喷发是非常罕见的，上一次喷发是在 2.7 万年前。

▲ **黄石国家公园的超级火山**

在过去约 200 万年里，美国黄石国家公园（简称黄石公园）的超级火山有过 3 次强喷发。每一次都持续了几十年，将北美洲覆盖在火山灰中。今天，由于其壮观的温泉（上图）和间歇泉，破火山口成为广受欢迎的风景区，这些温泉和间歇泉是由埋藏在地下深处的巨大岩浆房来提供动力从而保持活跃的。

大棱镜温泉是由黄石公园的火山加热而成的温泉

黄石国家公园

地下浅层的岩浆房含有浓稠的流纹岩岩浆，可引起爆炸性喷发。岩浆房中有5%~15%的岩浆是熔融的

地壳

地下较深处的岩浆房含有流动的玄武岩熔岩。岩浆房中只有2%的岩浆是熔融的

上地幔

地幔柱

黄石公园之下

黄石公园的火山坐落在地幔柱之上，地幔柱是一股从地幔深处升起的热的岩浆柱。地幔柱的热量熔融了部分地壳，形成了两个巨大的岩浆房。这些岩浆房不是充满液态岩石的洞穴，而是含有分散的岩浆囊的热区。当足够多的岩浆囊聚集在一起时，就会发生火山喷发。

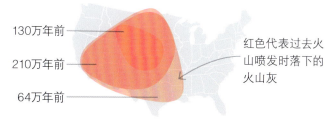

130万年前

210万年前

64万年前

红色代表过去火山喷发时落下的火山灰

过去的火山喷发

黄石公园过去的火山喷发留下的火山灰痕迹证明了超级火山强喷发的破坏力有多大。黄石公园现在的喷发大多是小规模的熔岩流，所以下一次喷发不太可能是强喷发。

这些岩石层形成于熔岩流，在印度绵延了数千千米

熔岩洪流

地球过去的一些生物大灭绝现象可能是由超级火山的强喷发造成的。大约6 500万年前，就在恐龙灭绝之前，大规模的熔岩从印度的火山中喷涌而出，持续了数千年。熔岩以火成岩的形式覆盖了印度西部的大部分地区，形成了现在被称为德干地盾的地质结构。

火山之冬

1815年，印度尼西亚坦博拉火山的喷发导致了"无夏之年"。火山释放的气体与大气中的水蒸气相互作用，挡住了太阳。这导致了全球性的歉收和饥荒。由于缺乏食物，人们不得不杀死很多马，从而促进了自行车的发明。

地震

地震发生时，大面积的岩石在被称为断层的裂缝处破裂、滑动。每天都会发生成千上万次小地震，但最猛烈的地震发生在最大的断层处，这些断层位于板块之间的边界附近。当地震发生在人口密集的地区时，可能会造成毁灭性的后果。

▶2018 年美国阿拉斯加地震

当断层突然运动时，能量就会以强大的地震波形式被释放出来，从而导致地面发生震动、弯曲或破裂，还可能会在瞬间摧毁道路和建筑物。

断层的闭锁和断裂

就像被挤压的弹簧会储存能量一样，地壳中的岩石在被挤压或拉伸时也会储存能量。如果这种能量被突然发生的运动释放出来，就会引起地震。地震的震源就是地震发生的地方。震中位于地表，是震源正上方的投射点。

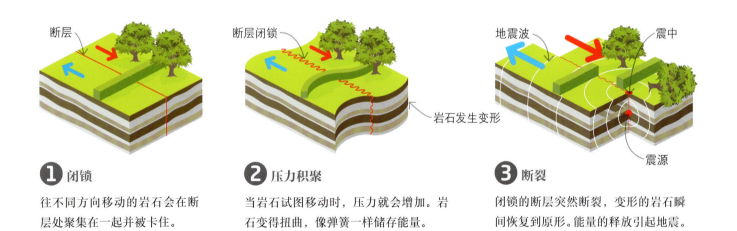

❶ 闭锁

往不同方向移动的岩石会在断层处聚集在一起并被卡住。

❷ 压力积聚

当岩石试图移动时，压力就会增加。岩石变得扭曲，像弹簧一样储存能量。

❸ 断裂

闭锁的断层突然断裂，变形的岩石瞬间恢复到原形。能量的释放引起地震。

震级

地震有两种度量方法。震级（下图）的确定基于其释放的能量，是用被称为地震仪的振动探测仪器来测量的。烈度则是根据地震造成的破坏程度来确定的。

❷ 微震	❸ 小震	❹ 轻震	❺ 中强震	❻ 强震	❼ 大地震	❽ 巨大地震
震动足够强以至于我们能感受到，但还没强到能造成很多伤害的程度			震中附近的受损率增大	震中附近强烈的震动可能会造成很大破坏	大地震很有可能造成大面积破坏	巨大地震很可能完全摧毁震中附近的建筑

震级

土壤液化

　　如果地面潮湿，并且由土壤或松散的物质构成，那么在地震期间就会发生被称为土壤液化的现象。震动使松散的地面发生如此大的位移，以至于像液体一样流动并吞没物体。汽车和建筑物会沉入地下，埋在地下的管道和电缆则会浮到地上。

防震措施

　　地震很难预测，但科学家可以捕捉到一些信号，包括前震和地面高度的变化。大多数人员伤亡是由建筑物倒塌造成的，因此一种有效的保护措施是设计能够承受震动的建筑物，采用减震地基并加固钢框架。

旧金山地震

　　美国历史上最致命的地震发生在 1906 年的旧金山。它是由位于太平洋板块和北美洲板块之间的圣安德烈斯断层所引起的。太平洋板块向北错动了 10 米并引发了里氏 7.9 级地震。地震和随后引发的大火摧毁了这座城市 80% 的建筑。上图是最早被胶片记录下来的地震景象之一。

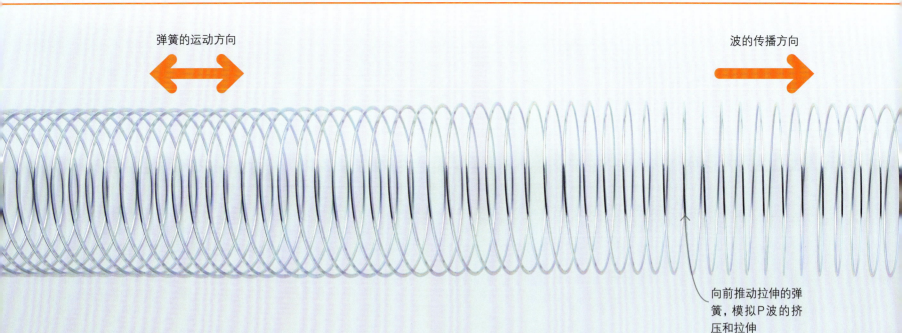

弹簧的运动方向

波的传播方向

向前推动拉伸的弹簧，模拟P波的挤压和拉伸

地震波

地震释放出巨大的能量，引发强烈的波，并以每小时数万千米的速度传播。这些波被称为地震波。地震波有几种不同的类型，其中一些只穿过地球表面的岩石，另一些则直接穿过地球的核心。科学家们通过研究这些地震波，不仅可以弄清楚地震发生的原因，还可以弄清楚地球内层的情况。

▲▼P 波和 S 波

面波在地球表面附近传播，而体波在地球内部传播。体波分为主波（P波，又叫纵波）和次波（S波，又叫横波）。P波通过挤压和拉伸其穿过的物质来传播，S波的振动方向与传播方向垂直。由于地幔和地核密度的变化，P波和S波在地球内部的传播路径是弯曲的。

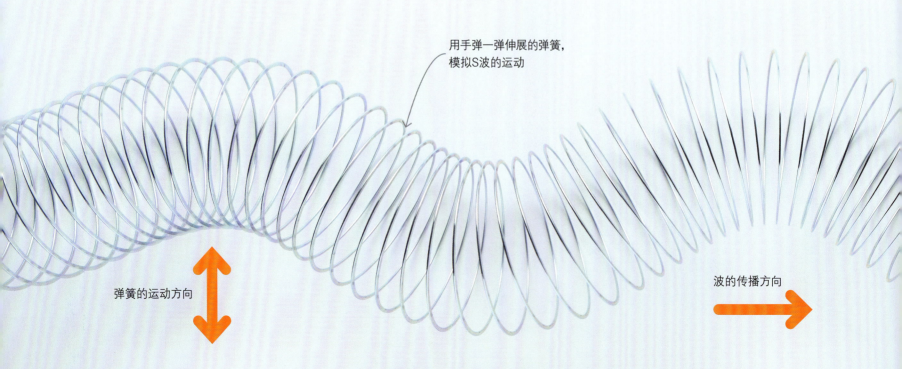

用手弹一弹伸展的弹簧，模拟S波的运动

弹簧的运动方向

波的传播方向

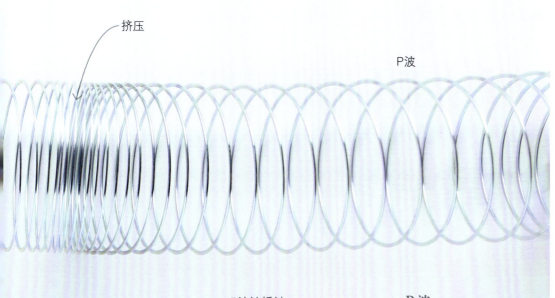

挤压

P波

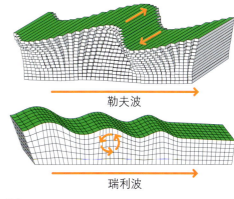

勒夫波

瑞利波

面波

面波主要有两种类型。勒夫波使地面左右摇晃，有点像被困在地表的 S 波。这类波能对道路和建筑物造成极大的破坏。而瑞利波则以环形轨迹运动，有点像海浪。

探测地球内部

当发生地震时，全球范围内都能探测到地震波的踪迹。然而，在一些"阴影区"，地震波并不会被记录下来。通过研究不同地震波产生的阴影区的位置，地质学家计算出了地球内部各圈层的尺寸及物质状态。

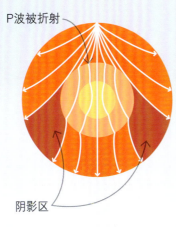

P波被折射

阴影区

P 波

P 波可以通过固体和液体传播，但当它们从一种介质传递到另一种介质时，会发生折射。P 波的阴影区揭示了地核的大小以及固体内核的存在。

S波

阴影区

S 波

S 波可以在固体中传播，但不能在液体中传播。大片的阴影区表明地球外核是熔融的。

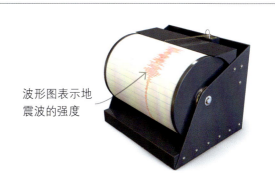

波形图表示地震波的强度

地震仪

科学家使用用地震仪来测量地震波并研究地震。地震仪被牢牢地安装在地面上，当地震发生时，它就会振动。传统地震仪是用笔在纸上画出地震图的，但现代地震仪是用数字方式来记录数据的。

S波

震中

地震仪

确定震中位置

为了确定准确的震中位置，地震学家需要在不同的地方安装的 3 个地震仪。每一个地震仪都可以通过测量 P 波和 S 波到达的时间来计算与震中之间的距离（P 波的传播速度比 S 波快）。当 3 个地震仪测定的距离都已知时，再以震中与地震仪之间的距离为半径画 3 个圆，3 个圆的相交点就是震中的位置。

海啸

当海底地震、火山喷发或海底滑坡等发生时，可能会引起一种被称为海啸的海水剧烈波动。形成海啸的海浪最初并不高，但其波长是普通海浪的数千倍，并能以每小时 800 千米的速度穿过大洋。大型的海啸在到达海岸时会聚集至很高的高度，并在冲向内陆时形成灾难性的洪水。

海啸的形成

大多数海啸是由引起海底发生突然运动的地震造成的。这会使大量海水发生位移，并产生向外辐射的海啸波。

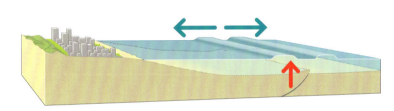

❶ 海底发生位移

海底突然隆起，形成向各个方向扩散的海浪。海浪的高度虽然不高，但其波长可达数百千米，且移动速度极快。

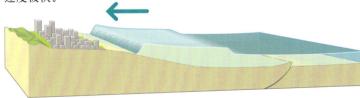

❷ 海浪形成

当海浪到达海岸时，其前部的移动速度变慢，但后部仍继续快速移动。因此，水就会在前部聚集而变高。在海啸来袭之前，海水可能会从海岸后退，因为海浪的波谷可能会率先到达海岸。

❸ 引发洪水

现在，海啸越来越高，它冲进内陆的速度比人跑步的最大速度还要快。汹涌的海浪可以卷走船只、汽车、树木和被摧毁的建筑物碎片。

▼日本东北部海啸

2011 年，日本发生了历史上最强的地震，起因是太平洋深处的亚欧板块和太平洋板块之间的突然滑动。日本主岛向东移动了 2.4 米，海床向上隆起了 7 米，滑动引发了海啸，并于 10 分钟后袭击了日本。海浪的最高点达 20 多米，向内陆冲进了 10 千米。下图来自一名旁观者所拍摄视频的截图，图中可以看到巨浪冲破了宫古市的海啸防御系统。

海啸预警

人们无法准确预测海啸，但通过海中的海啸浮标和海底传感器可以探测到海啸，并发出预警。地震发生后，海啸警报会发送到可能受其影响的沿海社区。海水从海滩上迅速后退是海啸即将发生的信号之一，表明致命的海啸即将到来，人们需要转移到海拔更高的地方。

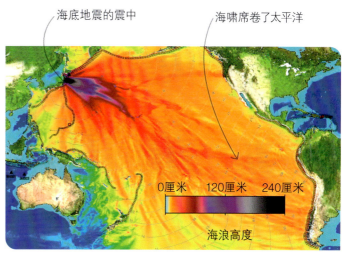

海底地震的震中　　海啸席卷了太平洋

0厘米　120厘米　240厘米

海浪高度

席卷大洋

海啸波从源头向外传播。它们携带着巨大的能量，可以席卷整个海洋。2011 年袭击日本的海啸在太平洋上移动了 9 000 千米，仅几小时后，2.7 米高的海浪就袭击了美国加州。

海啸前的班达亚齐

节礼日海啸

有记录以来最致命的海啸发生在 2004 年 12 月 26 日，这次由印度洋大地震引发的海啸导致约 23 万人死亡，并在印度洋沿岸造成大面积破坏。

海啸后的班达亚齐

地球表面一直处于不断变化的状态。亿万年来，**构造作用**等使**山脉**隆起，重塑了**大陆**的形态。与此同时，**风化**和**侵蚀等作用**不断磨损陆地，把坚硬的岩石变成了沙和泥。这种创造与破坏的循环是无穷无尽的，它造就了全世界的所有地貌景观，包括高山、山谷、沙漠、峡谷、海岸等。

变化的地貌

地貌的形成

地球表面不是一成不变的，它在不断地发生变化。有些变化的过程如此缓慢，以至于我们几乎没有注意到它们。一些看起来微不足道的事情，比如雨落在山坡上，只要时间足够长，就可以侵蚀整个山脉。其他过程，如火山喷发和山体滑坡，可能会导致地貌发生突然而剧烈的变化。每一处地貌都有自己的故事。

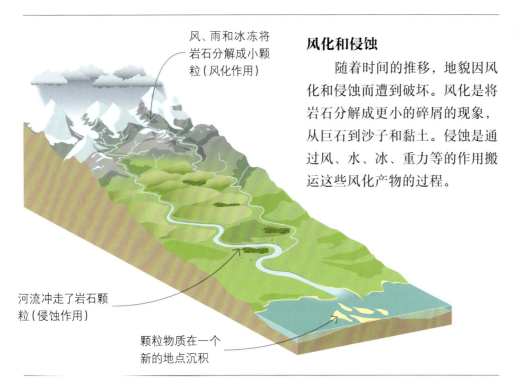

风、雨和冰冻将岩石分解成小颗粒（风化作用）

河流冲走了岩石颗粒（侵蚀作用）

颗粒物质在一个新的地点沉积

风化和侵蚀

随着时间的推移，地貌因风化和侵蚀而遭到破坏。风化是将岩石分解成更小的碎屑的现象，从巨石到沙子和黏土。侵蚀是通过风、水、冰、重力等的作用搬运这些风化产物的过程。

现在是过去的钥匙

地质学家玛丽·莱伊尔和查尔斯·莱伊尔夫妇，1832年去瑞士阿尔卑斯山度蜜月时提出了一种理论，认为地球的地貌是由一个渐进的过程形成的，这个过程持续了很长一段时间，并一直持续到今天。正如查尔斯·莱伊尔所说："现在是过去的钥匙"。

玛丽·莱伊尔

查尔斯·莱伊尔爵士

▼ 阿尔卑斯山脉的山谷

随着非洲板块和亚欧板块的碰撞，阿尔卑斯山脉一点一点地隆起，使曾经位于海底的岩层发生了折叠并弯曲。在冰河时期，巨大的冰川雕刻出深深的山谷，如瑞士的劳特布伦嫩山谷。

阿尔卑斯山脉的冰川是经过长期的积雪堆积而形成的

❷

❸

❹

❺

劳特布伦嫩山谷在冰河时代被冰川覆盖。冰川缓慢流动，形成U形山谷，其边缘陡峭而底部宽阔平坦

雪和冰渗入裂隙并在冻结膨胀和融化的循环中破坏岩石

瀑布穿过悬崖形成了壮观的峡谷

❶

❶ 岩屑堆

风化作用形成的岩石碎屑在陡坡上聚集，形成成堆的松散碎屑。

❷ 急流

浅河流或小溪中流经岩石河床时，会形成水流湍急的区域。急流多见于地面陡峭多石的地方。

❸ 洞穴

地下水流经石灰岩等软岩时可能会形成洞穴。石灰岩与雨水中的天然酸性物质发生反应，并缓慢地溶解。

❹ 泛滥平原

河流搬运了沉积物，并将其沉积在山谷中，形成了郁郁葱葱的泛滥平原。

❺ 河曲

河曲是河流的弯道。当沉积物在弯曲的河流外侧被侵蚀并沉积在河流内缘时，就形成了河曲。

❶ 压缩之前

代表沉积岩地层的各色沙子被仔细地一层一层铺平。较深的沙层代表着较古老的岩层。

染色的沙子代表沉积岩

❷ 褶皱形成

当移动的金属板推动沙子时，沙层就开始发生弯曲并形成褶皱。沙子堆积起来，厚度就会增加，就像山脉最初形成时陆地会上升一样。

沙层开始形成褶皱

❸ 断层形成

当沙层被挤压到不能进一步折叠时就会形成断裂。这种断裂构造被称为冲断层。

冲断层

较老的岩石被推覆到较新的岩层上，形成了一种被称为推覆体的结构

❹ 山脉隆升

地壳继续变厚，沙层被抬升形成山脉。真实情况下，这种增厚过程也会向下挤压，因而山脉会有很深的山根。

表面形成山脊和山谷

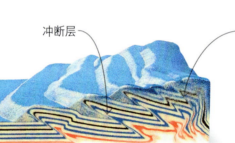

▼ 山脉建模

为了了解山脉的形成过程，科学家们用沙盘模型做了演示。代表地壳中岩层的沙子层被一台机器慢慢挤压。沙层会发生褶皱，就像地壳那样沿着断层断裂。褶皱的沙层堆积起来，使地壳变厚，抬升了陆地。

远离褶皱带的板块仍然很薄，没有发生变形

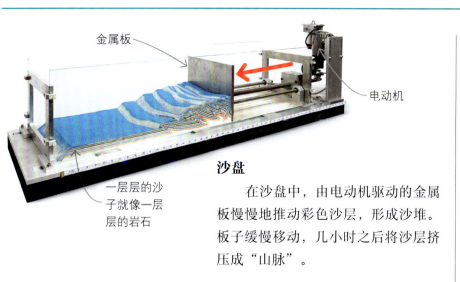

金属板

电动机

一层层的沙子就像一层层的岩石

沙盘

　　在沙盘中，由电动机驱动的金属板慢慢地推动彩色沙层，形成沙堆。板子缓慢移动，几小时之后将沙层挤压成"山脉"。

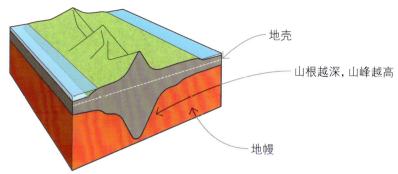

地壳

山根越深，山峰越高

地幔

山根

　　山不仅有高峰，也有山根。山脉"漂浮"在其下方柔软但密度较大的地幔岩石之上，其根部淹没在地幔中。随着山峰被侵蚀殆尽，山根也会随之上浮，保持山峰的高耸。

岩石褶皱

　　侵蚀作用可以让山的内部褶皱暴露出来。希腊克里特岛的山脉是在非洲板块和亚欧板块碰撞时形成的，曾经在海底的沉积岩层被挤压成褶皱状。

克里特岛的褶皱石灰岩

山脉隆升

　　很多山脉形成于板块之间的边界处。由于印度板块与亚欧板块的碰撞，世界上最高的山脉喜马拉雅山脉至今仍以每年约1厘米的速度上升。此过程已经持续了千百万年，但科学家们可以在几个小时内用沙子模型模拟此过程。

冲断层是一种倾斜的断层，将较老的岩石移动到较新的岩石上

向下凹成U形或V形的褶曲构造称为向斜

类似脊背一样向上凸的褶曲构造称为背斜

山麓

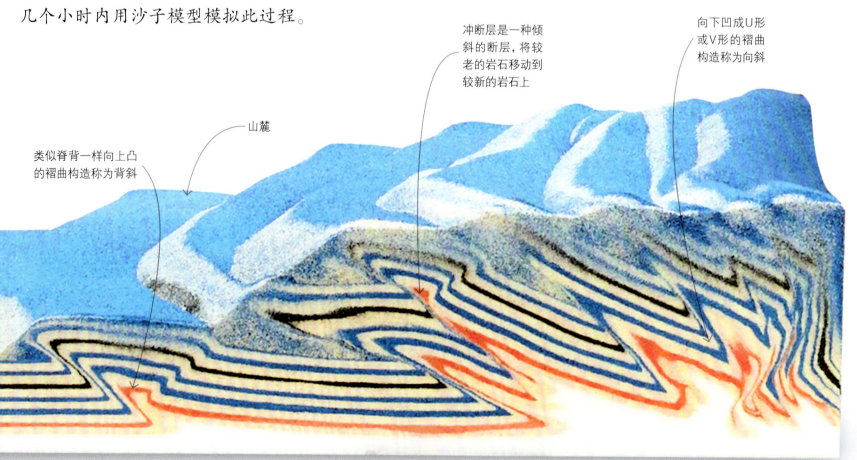

裂谷是如何形成的

大陆被拉伸并分裂，形成裂谷。裂谷需要经历千百万年才能形成，有的裂谷最终会演变成新的海洋。

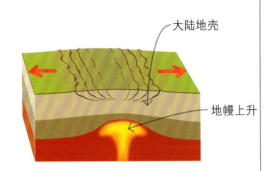

1. 板块分离

当板块相互远离时，它们会拉伸地壳并让其变薄。同时地幔上升并部分熔融，形成岩浆。

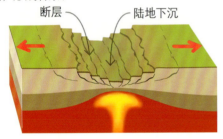

2. 山谷形成

地壳沿断层破裂，断块下沉，形成细长的裂谷。

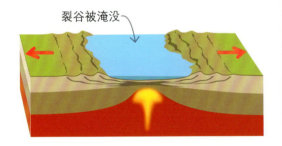

3. 海洋形成

随着裂谷过程的继续，陆地下沉到海平面以下，并被海水淹没，形成了一个类似红海的长条形海域。

裂谷的下沉

在世界上的某些地区，相邻的板块正在分离。当这种情况发生时，它们之间的地壳会变薄并分裂。岩浆从地幔涌出，通过裂隙渗出，形成新的地壳。这一过程可以发生在海底或陆地。在海底，它创造出了新的洋盆。在陆地，整个大陆被撕裂从而形成了裂谷。

▶ 东非大裂谷

东非大裂谷全长约 6 500 千米，正在慢慢撕裂非洲大陆。这里的地壳被拉伸并被断层分解成一个个断块。有些陆地已经下沉，形成了被称为地堑的陡峭山谷，其两侧是高地。从地幔中升起的岩浆滋养了裂谷附近的许多火山，包括非洲的最高山乞力马扎罗山。

裂谷建模

地质学家使用沙盘模型来研究裂谷是如何形成的。一层层的彩色沙子随着底座的移动被慢慢拉开。一个可能需要千百万年的过程只需要几个小时就可以模拟出来。

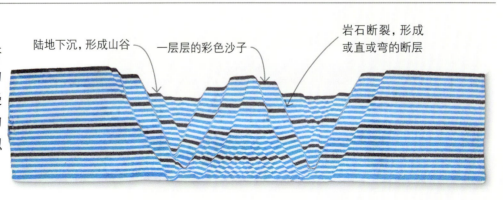

陆地下沉，形成山谷　一层层的彩色沙子　岩石断裂，形成或直或弯的断层

地球上海拔最低的城市是死海附近的杰里科

红点代表过去1万年里一直活跃的火山

东非大裂谷正在分裂非洲

乞力马扎罗山是一座休眠的层状火山

非洲的最低点是吉布提的阿萨尔湖

死海

死海是一个盐湖，位于巴勒斯坦和约旦之间的西亚裂谷。其湖面低于海平面约430米，其湖岸地带是地球上海拔最低的陆地。

尔塔阿雷火山

在东非大裂谷附近有很多座火山，其中包括埃塞俄比亚的尔塔阿雷火山。这是一座盾形火山，有一个熔岩湖已经活跃了约90年。

纳库鲁湖

东非大裂谷的低地被水淹没，形成湖泊。肯尼亚的纳库鲁湖是一个碱水湖，这意味着它富含碱性盐。纳库鲁湖因拥有大群以水藻为食的火烈鸟而闻名。

"地狱之门"

肯尼亚的"地狱之门"以其地热活动和壮观的峡谷而闻名，这条峡谷是由东非大裂谷中的奈瓦沙湖流出的河流形成的。

风化作用

　　有些岩石比其他岩石更坚硬，但每种岩石最终都会在风化过程中被破坏和分解。淅淅沥沥的雨，一阵阵的风，甚至你走在山路上的脚步都会引起风化作用。该作用把岩石分解成细小的颗粒，如沙粒，而侵蚀作用则会搬运这些颗粒。经过漫长的时间，风化和侵蚀共同作用，可以磨蚀整个山脉。

肥沃的土壤
　　土壤是由风化的岩石颗粒与动植物遗骸等混合而成的。由多种岩石混合而成的土壤含有许多不同的矿物质。这些土壤通常是最肥沃的，非常适合种植作物。

▼ 风化的花岗岩
　　英国达特穆尔的一座山上，外露的花岗岩，因风化作用的影响正在慢慢地磨损。花岗岩是一种非常坚硬的岩石，主要由长石、黑云母和石英组成。尽管花岗岩质地坚硬，但最终还是会分解。长石和黑云母与雨水中的天然酸性物质发生化学反应，变成质地软软的黏土，导致岩石碎裂。石英的质地要坚硬得多，但当花岗岩中的其他矿物质被风化时，其晶体会以沙粒的形式脱落。

生物风化

风化作用以 3 种不同的方式发生。生物破坏岩石的过程被称为生物风化。例如，植物的根长到岩石的裂缝中使其变宽，直到岩石破碎。

物理风化

当岩石被物理过程分解时，被称为物理风化。南极洲的这块岩石在冻融的过程中破裂了。水滴入岩石的裂隙中，并在冻结时发生膨胀，导致裂隙变宽，直到岩石破碎。

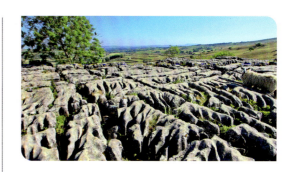

化学风化

当岩石被化学反应分解时，被称为化学风化。雨水从空气中吸收二氧化碳，使其呈微酸性。雨水和岩石发生化学反应，改变了岩石的成分，最终岩石破碎。

雨水渗透进岩石的裂缝，化学风化发生

"缩水"的山脉

白山山脉是美国西部加利福尼亚州的内陆山脉，它的高度曾经可以和珠穆朗玛峰相媲美，经过千百万年的风化，现在只有 4 344 米了，高度还不及珠穆朗玛峰的一半。

破碎

坚硬的岩石经风化作用会分解成矿物颗粒。破碎的岩石碎屑被河流冲走并沉积在很远的地方，甚至是大海中。

侵蚀作用

地球的地貌由于侵蚀作用——风、水、重力等破坏并搬运地表物质——在不断变化。侵蚀与风化（把岩石分解成更小的颗粒）共同作用可以造就壮观的地貌，包括悬崖、峡谷、天生桥、石林等。

砂

仔细观察沙粒，你会发现它是由微小的晶体组成的。大多数砂都包含石英颗粒，石英是一种坚硬的晶体矿物，广泛存在于花岗岩等多种岩石中。当岩石破碎时，粒状石英晶体脱落，被风或水搬运走。

石英晶体

▶ **风蚀柱**

风蚀柱，如右图所示的撒哈拉沙漠风蚀柱，是由侵蚀作用形成的。此风蚀柱被风吹来的沙子慢慢破坏了。它向下逐渐变细，底部附近的侵蚀作用是最强的，那里旋转的风会在沙漠上形成了一个洼地。最终，风蚀柱将变得不稳定并发生崩塌。

❶ 岩墙

隆起高地的一侧受到水和风的风化与侵蚀，留下一堵岩墙。

❷ 岩窗

随着风化和侵蚀的持续作用，墙体变得越来越薄。在岩壁较软、较弱的区域会出现岩窗。

❸ 风蚀柱

一个风蚀柱最终遗留了下来。假以时日，风蚀柱也会被侵蚀殆尽。

风的侵蚀作用

　　撒哈拉沙漠满是沙尘的风将裸露的软岩侵蚀出复杂的图案，如阿尔及利亚阿杰尔高原的格子砂岩。

河流的侵蚀作用

　　千百万年来，美国亚利桑那州的科罗拉多河在岩石地面上切割出图上所示的弯道，被称为马蹄湾。

海浪的侵蚀作用

　　海浪的冲击可以侵蚀岬角，形成各种地貌，比如在英国被称为杜德尔门的海蚀拱桥。

冰川的侵蚀作用

　　冰也侵蚀着陆地。格陵兰岛的象足冰川，将岩石和沙砾拖曳至坡下，重塑了山谷，形成了新的地貌。

风蚀柱的侧面被风吹来的沙子慢慢侵蚀

洼地是风蚀柱底部周围旋转的风造成的。风蚀柱周围的雪有时也会形成这样的形状

重力侵蚀

　　当大量的泥土和岩石，在重力作用下沿着陡峭的斜坡向下滑动时，就发生了重力侵蚀。每年，这种类型的下滑现象会造成数千人死亡和数十亿英镑的损失。大多数剧烈的重力侵蚀都是由降雨引发的，雨水渗入土壤，使土壤变得更重、更不牢固、更滑。地震、火山和人类活动（如道路切割）造成的震动等也会导致重力侵蚀。

曾经被土壤和森林覆盖的光秃秃的斜坡

被土壤和连根拔起的树木所吞没的房屋

▶ 地震之后

　　2018 年，日本北海道发生强烈地震，更糟糕的是，地震前的大雨使覆盖在山上的土壤松动，最终引发山体滑坡，造成 36 人死亡。

重力侵蚀的类型

　　重力侵蚀有快慢之分。有些重力侵蚀可能只有在多年后，才变得明显。另一些重力侵蚀速度很快，形成岩土混杂的堆积物。

缓慢移动的土壤

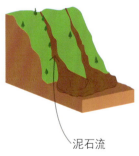
弯曲的滑坡面

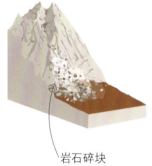
泥石流

岩石碎块

土屑蠕动

　　这是最慢的重力侵蚀类型。松动的泥土逐渐滑向山下，在山坡上可能呈现出波浪状表面。

滑坡

　　在这种类型的重力侵蚀中，山腰或悬崖的一部分通常沿着弯曲的滑坡面与基岩分离并向下滑动。

泥石流

　　当大雨或融化的雪将土壤变成流淌的泥浆，沿着河道的斜坡奔涌而下时，就会发生泥石流。

崩塌

　　岩石因风化而破碎，可能从悬崖和山坡上滚落下来，堆积成岩屑堆。

火山泥石流

火山喷发会形成致命的泥石流，被称为火山泥石流，它会迅速冲下并掩埋人类的居住地。当火山顶部的冰或雪被喷发所融化，或者与暴雨混合了松散的火山碎屑时，就可能会形成火山泥石流。

美国圣海伦斯火山的火山泥石流沉积

后退的悬崖

海浪以巨大的力量冲击着悬崖，使其变得不牢固并引发滑坡或崩塌。随着时间的推移，海岸悬崖逐渐后退，对曾经与大海保持安全距离的社区构成威胁。

美国加利福尼亚州被侵蚀的海岸

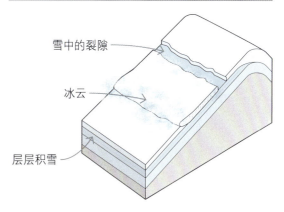

雪崩

当陡坡上的新雪层与下方较老的雪层分离并滑动时，就会发生雪崩。随着它向下滑落，速度越来越快，形成了一团由冰粒组成的冰云。

沙丘的类型

沙丘的形状和大小取决于风的速度、强度、方向以及它携带沙子的数量。沙丘有 5 种不同的类型。

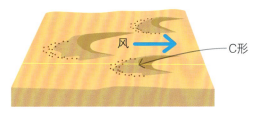

新月形沙丘

这些新月形沙丘是最常见的沙丘类型。当风通常从一个方向吹来时，沙粒在迎风坡堆积，从背风坡滑落，就形成了新月形沙丘。

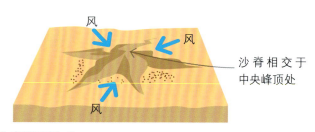

沙脊相交于中央峰顶处

金字塔形沙丘

许多高的沙丘是金字塔形沙丘。金字塔形沙丘的沙脊有 3 个或者更多个，这归因于从不同方向吹来的风。

沙丘

沙丘是由沙粒构成的不断变化的地貌，其形成和塑造都归因于风。在大风吹过的海滩上常常见到沙丘，但最大的沙丘位于荒漠中，在那里，广阔的沙丘——沙漠——可以绵延数百千米。

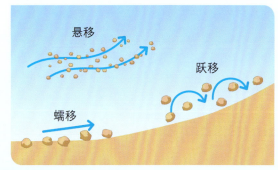

沙粒如何移动

风以 3 种不同的方式移动沙粒。大的沙粒沿着地面滚动（蠕移），中等颗粒以跳跃的方式移动（跃移），而最细小的颗粒则悬浮在空中移动（悬移）。风速越快，其能携带和移动的沙粒就越大。

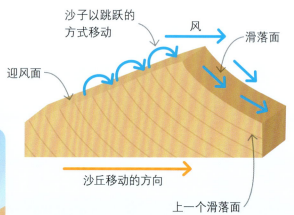

沙子以跳跃的方式移动

移动的沙丘

当风受到阻碍，因失去能量，它所携带的沙子落下，沙丘就开始形成了。日益变大的沙丘阻挡了风，阻碍了更多的沙子，沙丘也就变得越来越大。沙粒被吹上了迎风面的缓坡，并在山顶堆积，直到山顶变得不稳定，然后从陡坡上滑落下来。这种情况每发生一次，沙丘都会移动一点。有的新月形沙丘可以在一年的时间里迁移 100 米。

沙子被吹到沙丘的迎风面

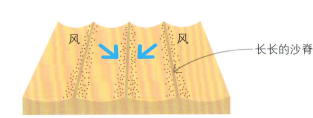

风   风

长长的沙脊

纵向沙垄

　　这些非常长的沙丘有时能延伸 200 千米。当风在两个方向之间变化时，线性沙丘就形成了。

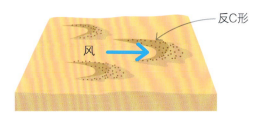

反C形

风

抛物线形沙丘

　　抛物线形沙丘也形成于主要从一个方向吹来的风，但沙丘表面有植被。其末端被生长在沙丘处的植物所固定。

风

波浪形沙脊

横向沙垄

　　风从一个方向吹来并携带大量沙子时，会形成一排排很长呈波浪状的横向沙垄。包括新月形沙丘、抛物线形沙丘、复合型新月形沙丘等。

沙丘上的生命

　　沙丘是生命难以生存的地方，但有些物种已经适应了这里的生活。砂鱼蜥是一种蜥蜴，它"游"到沙子里以躲避太阳的直射。它的四肢紧贴着光滑流线型的身体，在地表之下滑行。

会唱歌的沙丘

　　有时沙丘会发出低沉的隆隆声，就像飞机的声音。这些沙丘之歌是由沙子崩落引起的，而且可能是人引发的，时间可以持续几分钟，远在几千米外都能听到。

火星上的沙丘

　　其他星球上也存在沙丘。这张伪彩色图片展示了火星北极附近的新月形沙丘（蓝色区域）。这些沙丘是由火山砂构成的，其峰顶穿过了二氧化碳霜层（白色区域）。

▼ 锈红色沙丘

　　非洲纳米比亚奇妙的红色索苏斯沙丘，形成于千百万年以来。那里有世界上最高的沙丘，其高度与法国的埃菲尔铁塔相当。其颜色来源于沙子中含有的氧化铁，最古老的沙丘具有最浓艳的红色色调。

沙丘的滑落面是背风面

冰川

冰川是巨大而流动的冰体，就像非常缓慢流动的河流。它们形成于寒冷之地，如高海拔和极地地区，那里的积雪累积速度快于融化速度。大多数冰川的移动速度每天不到 1 米，但随着时间的推移，它们极大地改变了地貌的形状，磨蚀岩石，并在山脉之间挖掘出了深深的山谷。

冰川洞穴

融水从冰川裂隙中向下渗透并侵蚀，直至到冰川底部，从而形成了隧道和洞穴。冰岛的布雷达梅尔库尔冰川洞穴呈现出水晶般的蓝色，因为冰川冰吸收掉了除蓝色以外的其他颜色的光。

冰川裂隙

冰川的不同部分以不同的速度移动，从而形成冰川裂隙。这些几乎垂直于地面的深缝，对于滑雪者和登山者来说是非常危险的。

▼ 阿莱奇冰川

瑞士的阿莱奇冰川绵延 20 多千米，最大深度达 900 米，是欧洲阿尔卑斯山脉上最大的冰川。该冰川几万年来一直在"挖掘"U 形谷，但是现在，其体积与很多冰川一样都因受到气候变化的影响而逐渐缩小。

山谷冰川

巨大的冰河在流向山下时被困在山脉之间，就形成了山谷冰川。

积累区——降雪量大于冰的损失量的地方

冰斗——由冰川侵蚀形成的围椅状盆地

刃脊——将两个冰川分开的狭窄的岩石山脊

潮汐冰川——延伸入大海的冰川

消融区——冰发生融化或破裂的速度快于其堆积的速度

冰舌——冰川结束的地方

冰川融水

终碛——被冰川携带并沉积在冰川末端的土壤和岩石

当两个冰川相遇时，边界处的土壤和岩石碎屑堆积在一起形成一条位于中央的条痕——中碛

冰川的形成

当雪在同一个地方的常年积雪区堆积得足够多时，冰川就形成了。随着时间的推移，旧雪被新雪压住，并挤出空气，从而变成一种密度更大的颗粒状物质，也就是粒雪，类似于潮湿的糖粒，直至最后变成坚硬的冰。上层的冰到达冰川底部可能需要花费数千年的时间，科学家估计南极冰盖底部的冰可能已经有 100 万年的历史了。

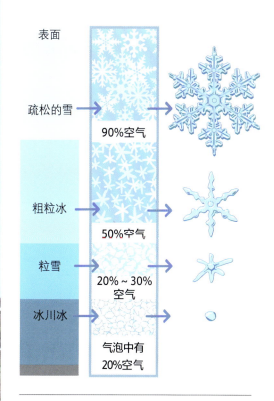

表面

疏松的雪　90%空气

粗粒冰　50%空气

粒雪　20% ~ 30%空气

冰川冰　气泡中有20%空气

冰川谷

当冰川融化时，留下了 U 形的山谷，其边缘陡峭，底部圆滑。这些山谷不同于由河流侵蚀而成的 V 形山谷，因为冰川的侵蚀贯穿于整个山谷，它在拓宽山谷的同时让山谷两侧变得加更陡峭。曾经在冰河时代被冰川覆盖的地方有很多冰川谷，比如美国的约塞米蒂国家公园和挪威的峡湾。

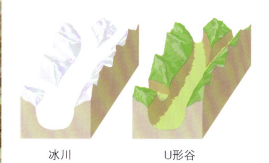

冰川　　　　　U形谷

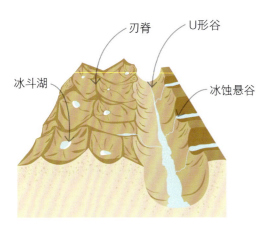

刃脊   U形谷

冰斗湖

冰蚀悬谷

冰川侵蚀地貌

在曾经被冰川覆盖的地方，有迹象表明，冰川将山脉和山谷侵蚀成了不同形状。

悬谷

悬谷是呈悬挂状与主冰川谷相交汇的支冰川谷。冰蚀悬谷位置高，因为主冰川侵蚀作用大于支冰川。悬谷的尽头往往是瀑布。

◀ 新西兰的斯特灵瀑布

刃脊

刃脊是尖锐的岩石山脊，位于相邻的两个冰川山谷之间。

◀ 英国的本尼维斯山

▲ 美国阿拉斯加州的兰格尔—圣伊莱亚斯国家公园

冰斗湖

冰斗湖是在高山上形成的小湖泊，位于冰川上源积聚冰雪的围椅状山谷中。

U 形谷

冰川流动时，裹挟的岩块与 V 形河谷的岩壁发生摩擦。这一过程造就了 U 形谷。U 形谷两壁陡立，谷底圆滑。

美国的约塞米蒂国家公园 ▶

冰川地貌

通过侵蚀山谷，重塑山脉以及大范围搬运岩石和土壤，冰川对陆地地貌进行了塑造。冰川曾经覆盖了地球表面 1/3 以上的面积，它们留下的地貌为我们提供了有关过去气候的宝贵信息。

漂砾

冰川携带的岩石最终被堆积在某个地方，这些岩石的种类与当地不同。岩石的大小不等，小如鹅卵石，大到比一座房子还大。通过研究漂砾，地质学家可以找出古代冰川曾经的移动轨迹。

英国的约克郡 ▶

冰碛

冰碛指被冰川搬运并堆积的岩石和土壤。堆积在冰川最末端的沉积物被称为终碛，类似海滩上的高潮位线。

终碛

◀ 瑞典的卡斯卡帕克特冰川

锅穴湖

当冰川退后，滞留的大冰块搁浅在冰川搬运来的岩石中间，冰块融化后引起塌陷，形成坑穴。这些坑穴后来可能会被水填满，形成较深的池塘，称为锅穴湖。

美国阿拉斯加州 ▶

蛇形丘

蛇形丘是由曾经流经冰川隧道的融水河流沉积下来的由沙砾构成的蜿蜒山脊。最长的蛇形丘绵延数百千米，最高的有 30 米高。

▼ 加拿大的马尼托巴

鼓丘

当冰川在地面上滑动时，其搬运的碎屑物质会堆积产生新的块状丘和隆丘，统称为鼓丘。这些土丘的一侧呈锥形，指向冰川曾经流入的方向。

◀ 爱尔兰的克鲁湾

冰川沉积物

指冰川流动时搬运的岩石和土壤。当冰川融化时，这些搬运物被遗留下来，形成了独特的地貌特征，如鼓丘、蛇形丘、漂砾和冰碛。

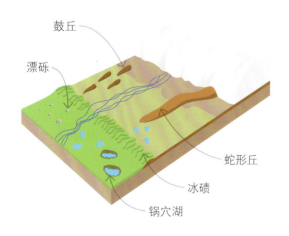

鼓丘　漂砾　蛇形丘　冰碛　锅穴湖

冰山

冰山就是漂浮在海洋中的巨大冰块，由冰川末端或冰架边缘断裂的冰形成。冰山来自世界上最寒冷的地区，广泛存在于北冰洋、北大西洋以及南极洲周围的海洋中。冰山可能会随着洋流漂流数千千米，融化时间需要数年之久。

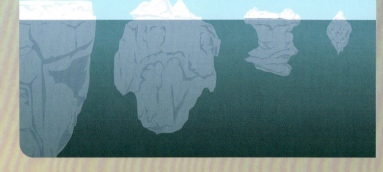

| 大型冰山 | 小型冰山 | 冰山块 | 碎冰山 |

冰山、冰山块和碎冰山

冰山可按大小分类。尺寸最小的碎冰山只有一辆汽车那么大。其次是冰山块，大约类似小房子。其他 4 个类别可简单地称为小型、中型、大型和超大型。最大的冰山比某些国家还要大。

水下视角

从水下看，冰山的外观凹凸不平，这是因为融化的冰在其表面留下了坑坑洼洼的痕迹。随着冰山融化，冰川底部裹挟的岩石碎屑和泥土会沉入海底，为海洋生物提供养分。

冰内的微小气泡反射白光，使冰山呈现白色

巨大冰山

南极洲周围冰架上的裂隙促使了巨大冰山的形成，冰山的形状是扁平的。2017年，从拉森C冰架上的裂隙处脱离出一座名为A-68的巨大冰山。其长度为175千米，宽为50千米。

冰山从哪里来

当冰山形成时——这一过程被称为崩解——冰撞击大海会产生巨大的破裂声或轰鸣声，通常也会引发大型海浪。大多数北半球的冰山来源于格陵兰岛，西格陵兰冰川每年崩解形成1万座或更多的冰山。南半球的大多数冰山来自南极洲。

天然冰雕

冰山不会均匀地发生融化。风、雨、海浪和洋流的不断作用会不均匀地侵蚀冰山，有时会把它们雕刻成各种奇异的形状，上图所示的就是北大西洋的拱形冰山。

气泡较少的冰看上去呈蓝色

◀ 漂浮的冰山

冰的密度比水小，因此冰山会漂浮在海里，就像冰块会漂浮在饮料里的原理一样。超大型冰山的重量可达1 000万吨，其露出海面的高度就像20辆双层巴士叠加在一起那么高。冰山的大部分都隐藏在水下，露出水面的部分约占总体积的1/10。

河流

　　雨水和融化的雪水有一部分汇入河流。河流在输送水的同时，还带走了各种沉积物——鹅卵石、砾石、沙子、淤泥和黏土等。在漫长的时间里，这个缓慢却持续不断的过程改变了地貌。在河流的中上游刻蚀出 V 形山谷，在下游的低地地区，其携带的沉积物被堆积下来时，便形成了平坦的平原。

▼ 流域

　　河流并非只有一个源头。它由很多小溪流和大片地区的地下水所滋养。河流往往发源于山上，一路往下流。河流上游地势陡峭，遍布多石的急流。而中游流经更加宽阔的山谷，这些山谷是遭受了数万年的侵蚀作用而形成的。最后，这条河变得缓和且平静，蜿蜒曲折地流经广阔的平原。

源头是指河流的起点

许多山间河流都起源于冰川融水

随着下游较软的岩石受到侵蚀，坚硬的基岩边缘可能会形成瀑布

随着河流对地表的侵蚀，峡谷便慢慢形成了

宽的河曲在低地上形成

牛轭湖是旧河曲的遗迹

支流是汇入主流的更小的溪流或河流

汇流处是两条小溪或河流交汇的地方

河口是河流与海洋的交汇处

泛滥平原是指河流溢出河床时，河床两侧被水和沉积物所覆盖的平坦区域

泥沙被冲入海中，沉淀在海底

📍**高地**

在山上，湍急的溪流直冲下来，侵蚀出 V 形的山谷。崎岖陡峭的地势使水流变得湍急。陡峭的山坡如果发生岩崩，巨石就会翻滚到溪流中。当水绕过这些障碍物时，就形成了强大的急流。

📍**过渡带**

河流在流动过程中，因很多支流的加入，水量越来越大。千百年来，在水流的作用下，河流的中游形成了更加宽阔的山谷，随着河水变得不那么湍急，数以百万计的卵石被堆积在河床上。

📍**低地**

河流的下游在平坦的土地上蜿蜒形成河曲。随着河岸在某些地方被侵蚀，以及沉积物在某些地方堆积，这些河曲不断变化。偶尔发生的洪水会将沉积物扩散到大片的泛滥平原上。随着河流慢慢地向下侵蚀，过去的泛滥平原被变为平坦的阶地。

河流变弯

所有的天然河流都蜿蜒曲折地前进。河曲不是固定的，随着河流逐渐侵蚀地面，将大量的土壤、沙子和鹅卵石从一个地方搬运到另一个地方，河曲也在不断发生变化。河流改变路线通常需要很长一段时间，但在洪水期间也会突发剧烈的变化。

水源
沉积物
倾斜的桌面

过滤器去
除沉积物
出水口
蓄水桶和泵

河流桌

科学家们通过在河流桌中建立河流模型来研究河流是如何随时间变化的。水被泵抽送到桌子的上端，然后流过铺满人工沉积物的河床。流动的水流冲刷着下游的沉积物，形成一个不断变化形状的河道。

▼ 河流建模

大型河流改变河道可能需要很多年，但在实验室里模拟一条河流的变化只需几分钟。水在流速快的地方带走沉积物，在流速慢的地方发生沉积。随着时间的推移，河曲变得越来越大，因为水在河曲的外侧面流动得最快，那里的侵蚀作用也就更强。

沉积物被带走

发生沉积

河曲形成

随着沉积物被侵蚀，河曲变宽

沉积物沉积形成边滩

1 河道形成

流动的水在冲刷土地的过程中形成了河道。最轻的颗粒（黄色）首先被水卷走，并在下游流速较慢的水中沉积。

2 河曲形成

只要存在小障碍物，水流就会被引到一侧形成河曲。水在河曲的外侧流动得更快，所以河曲程度随着时间的推移会逐渐变大。

3 河曲变宽

一连串的河曲形成，使河流呈波浪状。沉积物积聚在河曲的内侧，那里的水流较慢，形成了被称为边滩的浅滩。河水绕过这些障碍物，使得河曲更加宽阔。

河曲内部

　　水流在河曲的外侧不仅流速更快，而且深度更深。呈螺旋形运动的水流直冲而下，切割出一条被严重侵蚀的河岸。在河曲的内侧，水流的流速较慢，泥沙沉积形成了由沙子和鹅卵石组成的浅滩——边滩。

平缓的河岸，泥沙沉积，形成边滩

被河流侵蚀形成的陡峭河岸

螺旋环流

截弯取直

牛轭湖

　　随着时间的推移，河流的弯曲度越来越大。最终，在邻近的河曲之间只剩下一片狭长的陆地。如果河流冲破了此屏障，新的河道流速会更快，并形成新的河床，同时在岸边留下沉积物。这切断了河流原有的旧河道，形成了一个牛轭湖。

河曲变宽　　　形成环状　　　牛轭湖形成

深槽和溪流

　　即使是一颗鹅卵石，也可能形成一个河湾。鹅卵石周围水流的微小扰动会导致变化的发生，随着时间的推移，这些变化会被放大，从而创造出诸如深槽、浅滩（被淹没的卵石滩）和河曲等。

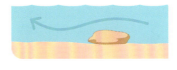

❶ 阻碍

当水遇到河床上的鹅卵石时，水流被挤过鹅卵石顶部。

❷ 凹陷形成

当水在鹅卵石周围旋转时，它会加速并从河床带走沙粒。沙粒被移走的地方形成了凹陷。

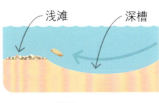

浅滩　深槽

❸ 深槽和浅滩

鹅卵石被水流冲走，洼地合并形成了深槽。下游是一个浅滩，鹅卵石和沙粒被堆积在那里。

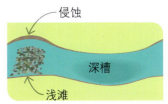

侵蚀

深槽

浅滩

❹ 河曲形成

浅滩相当于障碍物，水流试图绕过它继续前进，导致河岸被侵蚀形成河曲。

❹ 截弯取直

河曲可能会变得很大，河流就会开始寻找一条捷径。这可能导致牛轭湖的形成，即一片与河流隔绝的水域。

辫状河

　　大多数河流会形成单一的河道。然而，如果水量很大、坡度较为陡峭，或者水充满细粒沉积物，那么河流可能会分流形成相互交织的河网，即辫状河。如图所示为冰岛的辫状河，河网内有几十个由泥沙形成的岛屿。这些岛屿的结构很不稳定，会随着河道的不断改变而扩张、缩减，甚至消失。

瀑布

瀑布生动地展示了侵蚀作用的力量。奔涌而下的河水及其裹挟的沙石不断冲击着瀑布下的河床，冲刷着基岩，侵蚀着悬崖。瀑布可能看起来是永恒存在的，但实际上它们一直缓慢地往上游方向退缩。最终，所有的瀑布都会在成千上万年后将自己侵蚀殆尽。

河床的骤降点被称为裂点

一块坚硬的岩石悬挂在瀑布的顶部

较软的岩石被水侵蚀

分支形瀑布

南美洲的伊瓜苏瀑布是一个分支形瀑布，这意味着它由很多被岩石岛隔开的通道组成。

幕形瀑布

幕形瀑布形成于宽阔的河流。瀑布的水流像一片宽阔而不间断的帷幕。马蹄瀑布属于尼亚加拉瀑布的一部分，是一座幕形瀑布。

层叠形瀑布

河流在一连串岩石台阶上翻滚形成层叠形瀑布。德天瀑布位于中国和越南的边境，是一座层叠形瀑布。

扇形瀑布

扇形瀑布随着水流的倾泻，在岩石上呈扇形散开。美国蒙大拿州的尤宁瀑布属于扇形瀑布。

◀ **悬垂形瀑布**

　　加拿大不列颠哥伦比亚省的海尔姆肯瀑布是悬垂形瀑布。水从一个悬垂的岩架上倾泻而下，不接触基岩，直落入瀑布下方的瀑布潭。

瀑布是如何形成的

　　瀑布最常出现在陡峭的地方，那里的河水流速更大。很多瀑布形成于硬岩和软岩相间的地方。

硬岩

软岩

❶ **基岩变化**

如果河流流经坚硬的、抗侵蚀能力强的岩石和较软的岩石之间的相交处，就会开始形成瀑布。

❷ **落差形成**

较软的岩石比较硬的岩石侵蚀得更快，从而形成落差。下落的水流速增加，加速了侵蚀的过程。

悬垂的岩石

❸ **瀑布潭**

水和石头在悬崖底部盘旋，形成了一片宽阔的瀑布潭。位于坚硬岩石下方的悬崖向后退去，形成了悬垂的岩石。

❹ **向上游退缩**

最终，悬垂岩石由于没有下部支撑而发生坍塌。悬崖继续后退，这个过程不断重复，导致瀑布向上游退缩。

莫西奥图尼亚瀑布

　　在非洲洛兹人的语言中，莫西奥图尼亚是"声若雷鸣的雨雾"的意思。游客们首先在脚下感受到雷鸣般的响声之后，才会看到世界上最大的瀑布，这个瀑布的高度和宽度大约都是尼亚加拉瀑布的两倍。它是在玄武岩基岩的裂隙薄弱区形成的。侵蚀使裂隙变成了峡谷，赞比西河流经此地形成瀑布，偶尔也有不幸的鳄鱼或河马在此丧生。

洪水

　　发生洪水时，可能会有大量的水淹没正常情况下干燥的土地。有些洪水发生在几分钟以内，让人措手不及，但有些洪水会在几个月的时间里逐渐积聚。洪水会造成毁灭性的破坏，但也会带来益处。例如，河水泛滥会将沉积物带到土地上，使土壤变得肥沃而适宜耕种。

▶ 河水泛滥

　　降雪或暴雨都可能会引起河水泛滥。2019年美国中西部大量降水，导致了密西西比河爆发灾难性的洪水。洪水淹没了城市地区，造成了人员伤亡以及百亿美元的损失。右边的卫星图展示了孟菲斯市附近的洪水情况。

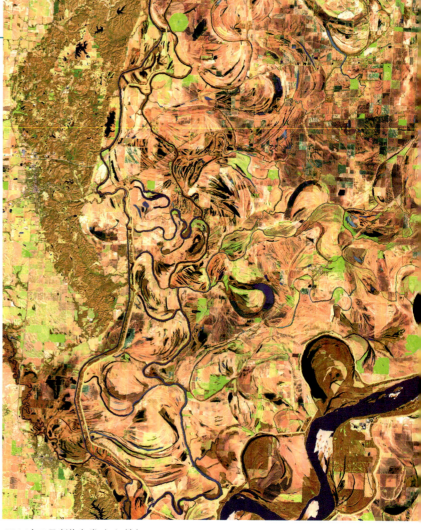

2014年2月（洪水发生之前）

2019年2月（洪水发生期间）

防洪

　　虽然有些洪水是无法避免的，但我们可以采取一些方法减少它们造成的损害，甚至完全预防。

自然防洪

很多湿地都能吸收多余的水分，然后在干旱季节将水慢慢释放出来。树木也能通过根部吸收大量的水，而茂密的植被则减缓了水的流动。因此，恢复和促进自然栖息地的良性发展，例如将河狸重新引入一片地区，可以保护我们免受洪水的侵害。

人工防洪

大多数人工防洪设施都是物理屏障，它们可以在河内或沿河岸阻挡水流。位于英国伦敦的泰晤士河堤坝，通过混凝土墩柱之间的旋转闸门阻挡水流入，保护城市免受潮水的威胁。

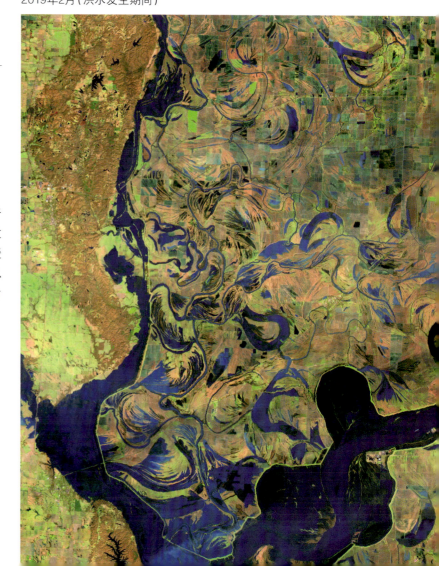

硬岩

软岩

阶梯状的峡谷

随着时间的推移，裸露的岩石变得脆弱易碎，因此峡谷顶部变得更宽

科罗拉多大峡谷是如何形成的

科罗拉多大峡谷是一个阶梯式的峡谷。峡谷的有些部分是在 7 000 万年前开始形成的，但大部分是在过去 600 万年间因科罗拉多河冲刷岩石而形成的。这些阶梯的形成归因于科罗拉多高原上的软岩和硬岩交替层被侵蚀的速度不同。

埃及的彩色峡谷

嶂谷

有垂直岩壁的嶂谷，如埃及的彩色峡谷，是由水迅速穿过单一岩层而形成的。水通过侵蚀作用带走岩石碎屑，然后像砂纸一样打磨着峡谷壁，尤其是在山洪期间。

 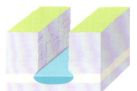

垂直侵蚀

水穿过单一的岩层迅速向下侵蚀。

底部形成

如果水流遇到较软的岩层，峡谷就会突然变宽。

计算机生成的美国加利福尼亚州蒙特雷峡谷深度图

海底峡谷

海底峡谷一般位于靠近大陆的海底。很久以前，当海平面非常低的时候，河流可能已经切割形成了这些峡谷的上部。后来海平面上升，水下滑坡和洋流加深并延长了这些峡谷。

安蒂洛普峡谷

　　位于美国亚利桑那州的安蒂洛普峡谷也被称为羚羊峡谷，其岩壁拥有流畅的形状，从中能找到其成因的线索。安蒂洛普峡谷属于嶂谷，由洪水在沙漠的砂岩上冲蚀而成。千百年来，反复发生的洪水带着沙砾在峡谷中奔涌，冲刷着岩壁。即使在今天，由几千米以外的降雨引发的洪水还是能毫无预兆地填满整个峡谷。

地下水

地球上超过 99% 的未冻结的淡水隐藏在地下，存于地下岩石和土壤的微小缝隙中，这种水被称为地下水。地下水的流动速度比地表水慢得多，可以在地下留存数百万年。地下水可在干旱时期为河流提供水源，并为全世界 1/5 以上的人口提供农业和生活用水。

▼ 绿洲

撒哈拉沙漠中地势较低的地方，地下水得以涌出而形成绿洲。利比亚加贝罗恩湖中的水来自沙丘下的岩石中，水在这里已经积聚了数千年。蒸发让湖水变得太咸而不能饮用，但沙漠旅行者可以从附近的井中获得可饮用的水。

沙漠环绕着绿洲

加贝罗恩湖的水比海水咸 5 倍。不需要游泳人就能浮在湖水里

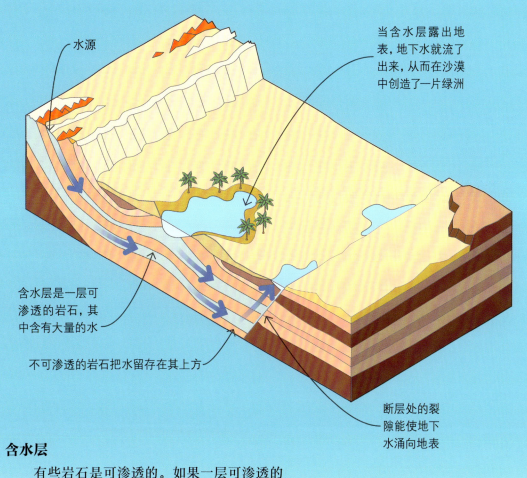

水源

当含水层露出地表，地下水就流了出来，从而在沙漠中创造了一片绿洲

含水层是一层可渗透的岩石，其中含有大量的水

不可渗透的岩石把水留存在其上方

断层处的裂隙能使地下水涌向地表

含水层

有些岩石是可渗透的。如果一层可渗透的岩石覆盖在一层不可渗透的岩石上，水就会积聚起来，形成含水层——地下水库。大量的水缓慢地渗入含水层。如果含水层露出地表，水就会流出——流出处通常距离水源数千米。

在撒哈拉沙漠的绿洲周围，椰枣树茂盛生长

岩石中的水

某些种类的岩石存在微小的缝隙，水可以渗透进去。良好的含水层中的缝隙之间还必须有连接，这样水才能流动起来。砂岩和白垩等沉积岩是最好的含水层。

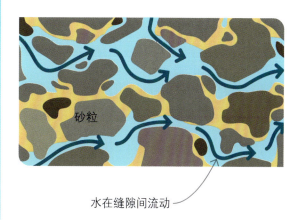

砂粒

水在缝隙间流动

井

井是取用地下水的垂直的深洞。井水通常要用泵从井里抽出来，或者用水桶提上来。然而，有些地下水会在自身压力的作用下从井中向上喷涌，这些井被称为自流井。如果钻孔在一个承压含水层中就会形成自流井，该含水层由高于井的水源提供补给。

地下河

并非所有地下水都被留存在可渗透的岩石中。在石灰岩地区，雨水中的酸性物质侵蚀了岩石中的矿物，最终形成洞穴。地下河流经这些洞穴系统，在某些地方形成了隐蔽的瀑布和湖泊。

洞穴

　　洞穴是岩石中自然形成的地下空间，通常足够大，可供人们进入探索。洞穴的大小各不相同，从一个人几乎挤不进去的小洞到具有长达数千米的连接通道的巨大洞穴不等。有些洞穴里充满了水，而另一些洞穴则呈干燥状态或滴水状态。有几种类型的岩石能形成洞穴，但大多数洞穴都形成于石灰岩中。

鹅管是由洞穴顶部的水滴形成的精致的空心管，水滴留下了一圈圈的碳酸钙，最终形成了鹅管

当鹅管被堵塞，水开始从外部流下时，更多的碳酸钙沉积成更厚的锥体，从而形成钟乳石

当钟乳石和石笋连接在一起时就形成了石柱

石笋是由水滴掉落到洞穴的地面上形成的碳酸钙沉积物

地表水流经落水洞进入地下

落水洞

地下河的废弃河道

水透过石灰岩的裂隙滴落

钟乳石

石灰岩

石笋

石柱

地下河

地下的水流让洞穴系统进一步扩大

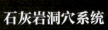

石灰岩洞穴系统

　　雨水由于从空气中吸收二氧化碳而带有天然酸度，因此，它与石灰岩中的矿物发生化学反应，在某些地方溶解石灰岩形成洞穴，在另一些地方沉积石灰岩形成洞穴堆积物（钟乳石、石笋等）。

流石是由沿着洞穴壁或洞穴地面流动的水沉积的方解石层（主要成分是碳酸钙）

◀ 洞穴内部

哈里森洞穴是位于加勒比海巴巴多斯岛的石灰岩洞穴。它包含了各种洞穴地质地貌，如钟乳石、石笋和石柱。所有这些构造都是由流经洞穴的地下水中的矿物沉积形成的。

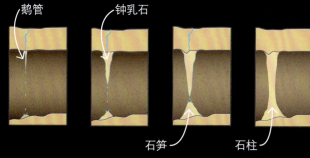

鹅管　　　钟乳石

石笋　　　石柱

石柱的形成

钟乳石和石笋连接形成了石柱。这个过程可能需要数万年的时间。目前已知的石柱最高 60 多米，位于泰国的一个洞穴中。

淹没洞穴

下雨时，水可能很快就会填满洞穴。洞穴探险者必须查看天气预报以免被困，很多探险者都随身携带潜水设备以便进行水下探索。

洞穴里的动物

很多洞穴都有独特的野生动物。在漆黑的环境中是不需要眼睛的，这就是一些洞穴物种，如图上所示的这只洞螈，眼睛退化的原因。

深绿色的区域代表
自然形成的红树林

在这个三角洲中，
河流形成很多支流

肥沃的土地

三角洲的土地主要由淤泥——一种形成肥沃土壤的沉积物组成。恒河三角洲是地球上最肥沃的农业区之一。

三角洲是如何形成的

科学家们通过让水流过一个大型人造彩沙盘来研究三角洲的形成过程。较轻的黄沙被冲到海里，形成一块扇形的新陆地。当沙子在一个地方堆积时，河流因被迫改变路线而开始在其他地方放下沉积物。随着三角洲不断扩大，河流不断改变河道，在流经三角洲时形成分支。

❶ **侵蚀**

河流流动时会侵蚀地面，并将泥沙冲向下游的海洋。

❷ **沉积**

河流靠近大海时流速减慢，从而导致沉积物在水中沉淀并积聚起来。

❸ **形成扇形**

沉积物堆积成扇形，并延伸到海洋中。河水在强行流过此区域时改变了路线。

❹ **三角洲**

河流不断流动并产生新的河道。每条河道都沉积了更多的泥沙，进一步扩大了三角洲的面积。

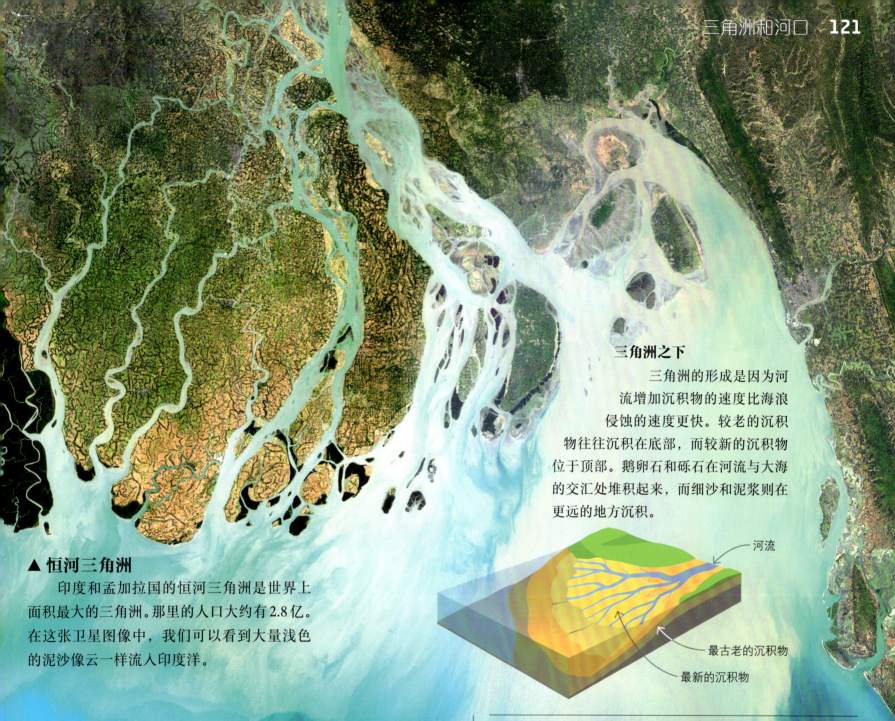

三角洲之下

　　三角洲的形成是因为河流增加沉积物的速度比海浪侵蚀的速度更快。较老的沉积物往往沉积在底部，而较新的沉积物位于顶部。鹅卵石和砾石在河流与大海的交汇处堆积起来，而细沙和泥浆则在更远的地方沉积。

河流

最古老的沉积物

最新的沉积物

▲ 恒河三角洲

　　印度和孟加拉国的恒河三角洲是世界上面积最大的三角洲。那里的人口大约有2.8亿。在这张卫星图像中，我们可以看到大量浅色的泥沙像云一样流入印度洋。

三角洲
和河口

　　河流携带着大量的沉积物（如泥沙）流向湖泊或海洋等地。河流在河口处倾倒了大量的沉积物，形成了三角洲。河流注入湖、海等水体的出口被称为河口。在这里，河流和潮汐在不断地来回搬运泥沙。

河口

　　涨潮时，位于河口处的泥沙被潮汐推入陆地，但在退潮时又被河水冲了出来。这两种力量在由沉积物组成的岛屿之间形成了巨大的通道。向内流动的水流较强的河口会被泥浆堵塞，对船只航行不利。而向外流动的水流更强的河口更加稳定，河道更深。

随着时间的推移，石质岸线会向陆地方向后退，留下水平或平缓倾斜的岩石平面。这里可能存在潮池，且在涨潮时被覆盖而在退潮时出露。

海岸线

海岸线是地球上不断变化的特征之一。很多位于海岸上的悬崖不断受到海浪的侵蚀，海浪在崖体上冲刷出洞穴，削弱悬崖表面，最终导致悬崖崩塌入海。同时，海浪也会在海岸线上沉积沙子和岩石，形成沿着海岸延伸的海滩。

白垩岩是一种柔软的沉积岩，容易被海水侵蚀形成白色的悬崖

▶ 石质岸线

海浪对石质岸线的逐渐侵蚀造就了令人惊叹的自然景观，如图示这些被称为老哈利岩的白垩岩，位于英国多塞特海岸。海浪在侵蚀悬崖的同时，也在沿岸的海湾里沉积了岩石和沙子。

这个海蚀柱曾经与陆地相连

喷水洞

当海蚀洞的顶部坍塌后会留下一个洞，就形成了喷水洞。当海浪涌进海蚀洞时，水被挤压出洞口形成海水喷泉。

沙质岸线

海滩是由海浪携带的鹅卵石和沙子堆积而成的。它们不断地改变着形状。在风平浪静的情况下，沙子和鹅卵石会慢慢堆积起来，使海滩变得更加陡峭。而在暴风雨的天气里，大浪把沙子和鹅卵石冲走，使海滩变得平坦。

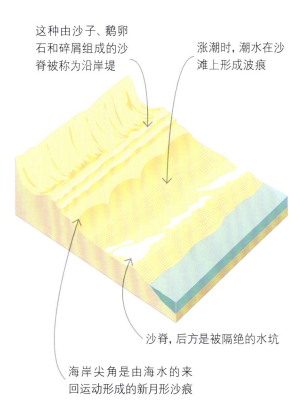

这种由沙子、鹅卵石和碎屑组成的沙脊被称为沿岸堤

涨潮时，潮水在沙滩上形成波痕

沙脊，后方是被隔绝的水坑

海岸尖角是由海水的来回运动形成的新月形沙痕

沿岸泥沙流

如果海浪斜着冲到海滩上，它们也会把沙子和鹅卵石斜推到海滩上。然而，流回大海的水（回波）会把沙子和鹅卵石垂直拖曳回大海。最终的结果是海滩上的沙子和鹅卵石呈之字形移动，这种运动被称为沿岸泥沙流。人们通常会在海滩上放置被称为防波堤的屏障，以减轻沿岸泥沙流对海岸的侵蚀作用。

海蚀柱是如何形成的

海浪冲击悬崖的力量会使岩石形成裂隙，随着时间的推移，裂隙会逐渐变大形成海蚀洞，然后再变大形成海蚀拱桥。当海蚀拱桥坍塌后会留下海蚀柱——一个矗立在海中的高大的岩石柱。

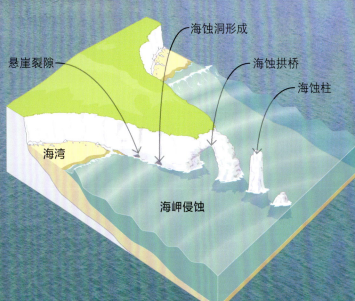

悬崖裂隙

海湾

海蚀洞形成

海蚀拱桥

海蚀柱

海岬侵蚀

→ 入波   → 回波

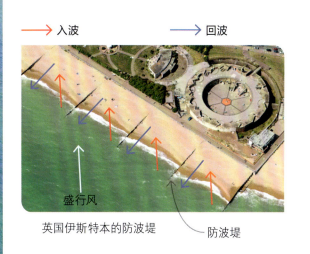

盛行风

英国伊斯特本的防波堤

防波堤

海浪

当风吹过海面时，海浪就形成了。海浪吸收了风的能量，并能将其携带数千千米，然后拍打在海滩上。虽然海浪中的水看起来是水平移动的，但它实际上是沿着垂直方向上下移动的。

德国的冲浪者塞巴斯蒂安·斯图特纳是全世界最高的冲浪记录拥有者

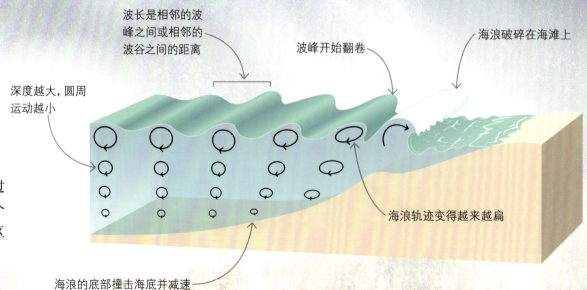

波长是相邻的波峰之间或相邻的波谷之间的距离

波峰开始翻卷

海浪破碎在海滩上

深度越大，圆周运动越小

海浪轨迹变得越来越扁

接近海岸

在海上，当每个海浪经过时，表层的海水都会形成一个圆周运动。当海浪靠近浅水区时，圆周运动的轨迹被拉伸，最后破碎在海滩上。

海浪的底部撞击海底并减速

如果冲浪者掉进了纳扎雷的巨浪里，坐在水上摩托艇上的救生员就会准备营救

◀ 滔天巨浪

当海浪接近陆地时，海水逐渐变浅，海浪就会因速度降低而变得更高。葡萄牙的沿海小镇纳扎雷有高达 25 米的滔天巨浪，吸引了来自世界各地的冲浪爱好者。在那里，来自海洋表面的海浪所携带的能量与来自海底峡谷的海浪能量相结合，造就了巨大的海浪。

海浪前端拍打后形成的泡沫

异常海浪

有时候，两个大型海浪会合并成一个巨型海浪，这被称为异常海浪。当两组海浪以合适的角度相互碰撞，或受到风暴影响，两组海浪随机合并时，就会产生上述海浪。比 8 层楼还要高的异常海浪会吞没过往的船只。

离岸流　　　　　　　　　　入波

离岸流

在不平坦的海滩上，被海浪带到陆地上的水可能会集中通过一条强大的通道重回大海。这被称为离岸流，它可能带来致命危险。每年都有很多粗心的游泳者被离岸流带到海里，并在试图逆流游回陆地时溺水身亡。

弯曲的海浪

正如光波进入玻璃时发生减速并弯曲（折射），海浪在达到陆地时也会发生弯曲。如果海浪的一端首先到达浅水区，其速度就会变慢，整个海浪就会发生弯曲。弯曲会影响海浪侵蚀陆地的方式。伸进大海的陆地区域会受到较快速度的海浪的冲击并被侵蚀，而速度较慢的海浪的末端往往会沉积沙子形成海滩。

仔细观察一块岩石，有时你会看到成百上千个微小的且相互嵌合的**晶体**。这些晶体都是**矿物**——固态的、结晶的元素或无机化合物，是组成岩石和矿石的基本单元。矿物以各种方式结晶成固态，如**熔融的岩石**冷却凝固。矿物形态各异，从微小斑点状的暗灰色沙砾，到色彩鲜艳闪闪发光的**宝石**都有。

岩石和矿物

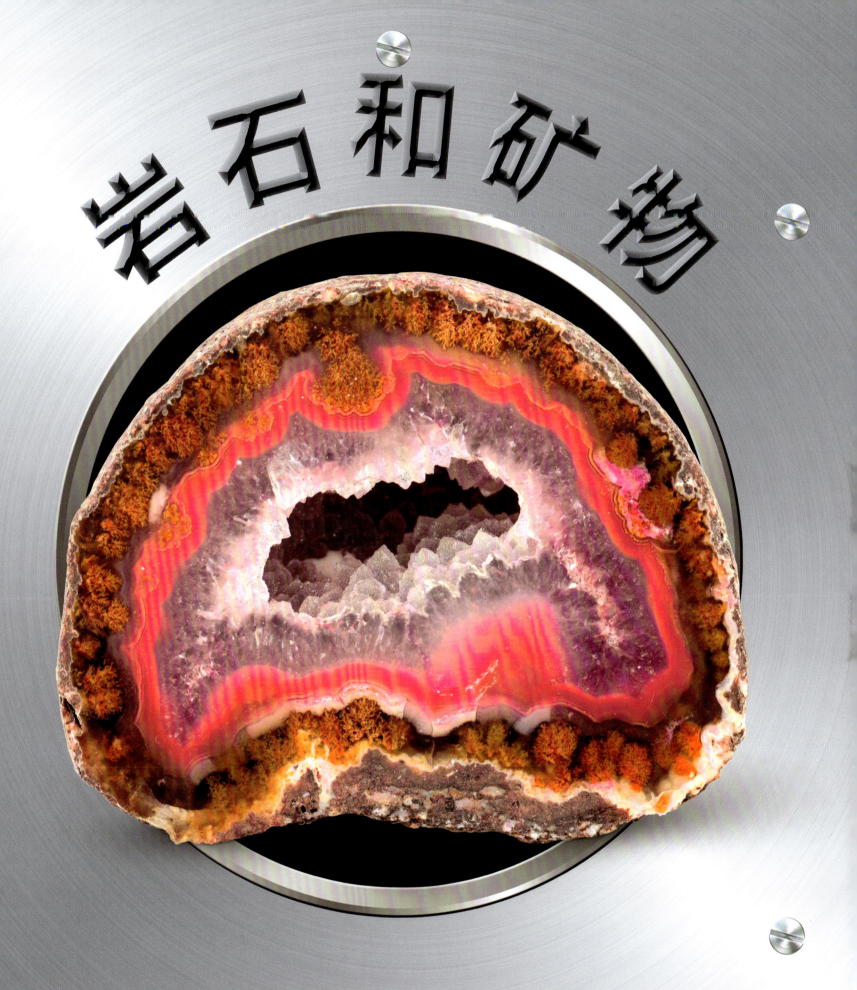

岩石循环

地壳已经存在了 40 多亿年，但这么古老的岩石很难被发现。岩石不断分解和再生，这一过程被称为岩石循环。每块石头都有各自不同的故事。

▶ 岩石循环

在岩石循环中，原有的岩石会因侵蚀、高温、高压或这些因素的综合作用形成新岩石。例如，在地壳深处，高温和高压的变化熔融了古老的岩石而形成岩浆，岩浆上升至地表后冷却凝固。大多数变化需要花费数百年、数千年甚至数百万年的时间。

压实和胶结

风化和侵蚀

沉积物

风化和侵蚀

风化和侵蚀

高温和高压

变质

熔融

冷却

通过仔细观察岩石，你可能会看到构成岩石的矿物颗粒或晶体

这种花岗岩含有几种不同矿物晶体，包括石英、长石和黑云母

火成岩

如果地下深处的岩石受到高温影响，它们就会熔融形成岩浆。岩浆的密度比坚硬的岩石更小。它可以上升到地壳的上部，甚至从地表喷出。岩浆经冷凝固而形成的岩石，如安山岩和玄武岩，就是火成岩。

石英是由硅和氧构成的。其化学名称是二氧化硅，化学式为SiO_2

岩浆

沉积岩

在风化和侵蚀作用下，岩石分解成碎屑和颗粒，经搬运多沉积在河流、湖泊和海洋的底部。随着时间的推移，经压实和胶结（某些化学物质填充到沉积物颗粒间，使其固化变硬）等作用，这些沉积物最终形成了沉积岩，如砂岩（上图）和石灰岩。

高温和高压

熔融

变质岩

由于地壳受到构造作用而发生改变，岩石可能被埋得更深。高温和高压等可能导致岩石在基本保持固态的情况下发生变化，形成变质岩，如石英岩、大理岩（上图）和板岩。

岩石是在哪里形成的

　　沉积岩是在地球表层形成的，沉积物在河流、海洋和湖泊等地的底部形成了沉积层。变质岩在地壳深处或其他高温高压的地区形成。火成岩要么是熔岩（岩浆）在地下缓慢冷却时形成的，要么是熔岩喷发到地球表面迅速冷却时形成的。

沉积岩

变质岩

火成岩

风化作用让岩石破碎

在岩石循环中，岩石并不以特定的顺序转变。任何一种岩石都可以变成另一种岩石

太空岩石

　　陨石是从太空坠落到地球上的岩石。大多数陨石都含有大量的铁、镍等金属，因而它们具有磁性和较重的重量。许多陨石的岩石外壳都是黑色而光滑的，因为当陨石穿过地球大气层时发生了熔融。

纳米比亚赫鲁特方丹附近的霍巴陨石

花岗岩是一种坚硬的岩石，能承受较长时间的风化和侵蚀

火成岩

在水、大气等的作用下，地球表面的岩石被不断侵蚀着，但地壳并没有变薄。随着岩浆的涌出、冷却，经凝固形成了新的岩石。由岩浆冷却凝固形成的岩石被称为火成岩。

火成岩颗粒

在地下深处，岩浆缓慢冷却，在岩浆凝固成岩石之前的很长一段时间内，矿物晶体可以持续生长。在花岗岩中，这些粗大的矿物颗粒十分明显。

斜长石

长石是花岗岩中最常见的矿物。

黑云母和角闪石

黑色颗粒为富铁矿物，如黑云母或角闪石。

钾长石

粉红色花岗岩的颜色来自钾长石。

石英

花岗岩中至少有 1/5 的石英。

矿物集合体

　　在显微镜下观察非常薄的花岗岩片，可以发现微小的且相互嵌合的矿物晶体。虽然大多数岩石是由两种或两种以上的矿物混合而成的，但这些矿物本身都是纯物质。

◀ 花岗岩

　　花岗岩是最常见的火成岩之一。它是熔融岩浆在地下深处经过多年冷却而形成的。花岗岩的主要矿物成分石英和长石都富含二氧化硅。这表明花岗岩是由地下深处熔融的或部分熔融的页岩或砂岩形成的。

晶体线索

　　虽然所有的火成岩都是由熔岩形成的，但构成它们的矿物晶体却存在很大的差异。这些晶体颗粒的大小赋予了火成岩不同的纹理，并表明了它们的冷却速度。

黑曜岩

当富含硅的熔岩（在几小时内）迅速冷却，以至于没有充足的时间让矿物晶体生长时，黑曜岩就形成了。

浮石

浮石是火山熔岩与水和气体混合形成的。熔岩冷却和凝固的速度很快，所以仍然充满了微小的气泡，很少含有肉眼可见的晶体。

伟晶岩中的蓝色黄玉晶体

伟晶岩

当熔岩缓慢冷却时，晶体可能会持续生长数千年甚至数百万年。伟晶岩是所含晶体大于1厘米的岩石，包含只在较低温度下才能结晶而成的矿物。

侵入或喷出

　　根据其形成地点，火成岩分为侵入岩和喷出岩。侵入岩，如花岗岩，在地壳深处形成，通常是岩浆在缓慢冷却之前，强行进入现有岩层之间形成的。当岩浆溢出地壳并迅速冷却时，喷出岩就形成了。

美国夏威夷州的基拉韦厄火山熔岩冷却形成的玄武岩

侵入岩

火成岩中的侵入岩是由岩浆上升至地壳内而形成的岩石，岩浆并没有从火山喷发出来。当侵入岩周围较软的岩石被侵蚀后，这些坚硬且耐侵蚀的岩石却能依然屹立不倒。

▼ **魔塔**

这个巨型火成岩体位于美国怀俄明州，形成于大约 5 000 万年前，是来自地下深处的侵入岩，可能属于岩盖或火山颈。随着时间的推移，周围较软的沉积岩被逐渐侵蚀，只留下了坚硬的火成岩，像一座高大的纪念碑。

岩体高出地面264米

侵入或喷出

侵入岩可以呈现出很多不同的形状。不太黏稠的岩浆可能会在岩层之间水平流动，而更黏稠的岩浆则会以更慢的速度上升到地表，让上覆岩石破裂并熔融。

岩株类似于岩基，但其规模较小

当岩浆在火山通道冷却时就形成了火山颈

岩盖是蘑菇状的侵入岩

岩床是平行于现有岩层的水平薄层

岩脉是垂直穿过其他岩层的侵入体

岩基是体积巨大且形状不规则的侵入体

捕房体是一种在岩浆冷却时落入岩浆中的围岩碎块

岩柱

魔塔由壮观的六边形和五边形岩柱构成。每根岩柱都有几百米高。它们是由岩浆冷却、收缩，然后破裂而成的。

魔塔由一种叫作斑岩的火成岩组成的

半穹顶

美国约塞米蒂国家公园的半穹顶是一个岩基，其核心是古老岩浆房的遗迹。它最初形成了一个穹顶，但侵蚀作用将其切成两半，并在一侧形成了陡峭的壁。

拉帕尔马岛

侵蚀作用可以暴露周围岩石中的岩脉形状，就如左图加那利群岛拉帕尔马岛上的岩脉。这些岩脉为研究岩浆如何穿过地壳提供了宝贵的线索。

安斯特岛

当上升的岩浆在岩层之间水平扩散，推高上覆岩层时，形成了独特的穹顶形状。正如上图中位于英国安斯特岛上的岩盖这样。

芬格山

位于南极洲的芬格山，因贯穿砂岩层的巨型粗玄岩岩床而闻名。粗玄岩是一种岩浆冷却后形成的深色岩石，其质地坚硬。

板岩通常是灰色的，但也有绿色、紫色或红色的

❷ 板岩

在靠近地球表面且温度不太高的地方，页岩转化成板岩。这种低级变质岩的颗粒细，且易碎。

❸ 千枚岩

稍高的温度和压力可以让板岩转化成千枚岩。其细小、排列整齐的云母晶体可反射较多光线，具有光泽。

❶ 页岩

页岩是一种沉积岩，由黏土和淤泥压实而成，因此其颗粒很细。

▶ **变质岩的等级**

当页岩之类的岩石受到岩浆加热、压力的挤压时，就会变成变质岩。有些岩石经历了多次转变，从一种变质岩类型变为另一种类型。级别代表了岩石发生变化的程度——级别越高，变化越大。

变质岩

在你脚下约 100 千米的深处，地幔变得很热，将岩石熔融成岩浆。然而，离地表稍近的岩石也会面临极端的条件。沿着地球上巨大的板块交会处分布的断层，以及在岩浆不断涌向地表的地方，现有的岩石被加热或过度挤压等，它们可以在不完全熔融的情况下形成新的岩石。这样形成的岩石被称为变质岩。

压力作用

条纹、褶皱或海浪状的纹理，通常可以作为判断变质岩的第一个线索。这些纹理可能是微小的，也可能是巨大的。其中最大的纹理就是由于相互碰撞的板块，让地壳产生了挤压和变形所导致的。

深色的条带中通常含有重矿物，如角闪石

浅色的条带中通常富含硅矿物，如石英和长石

❹ 片岩

在更高的温度下，变质作用更进一步将千枚岩转化为中级的片岩。片岩中的矿物颗粒大至肉眼可见。

❺ 片麻岩

在极高的温度和压力作用下，片岩转化成高级片麻岩，这种片麻岩通常具有条纹。

转化

变质岩可能会发生轻微的变化，也有可能变化太大，以至于很难弄清楚它们的原始形态——就像蝴蝶从毛毛虫化的茧里钻出来一样。此外，不仅是它们的外观发生了变化，变质岩通常与它们的母岩（原岩）具有完全不同的性质。

板岩

当页岩在压力作用下转化成板岩时，某些特定的矿物与挤压作用的方向呈直角排列。这就形成了容易剥落的平坦层状结构，使板岩成为屋顶瓦片的常用材料。

大理岩

石灰岩在高温和压力作用下形成大理岩。方解石矿物再次结晶形成相互嵌合的晶体，因此，大理岩比石灰岩坚硬得多。

冲击岩

并不是所有的变质岩都形成于地下深处。陨石撞击的冲击力可以使岩石、沙子或土壤发生变化，变为冲击岩。在古埃及，被视为宝石的稀有的天然玻璃也是一种冲击岩。

不同种类的沉积岩

形成沉积岩的颗粒及其形成方式决定了岩石的软硬程度。许多沉积岩中含有化石，某些种类的沉积岩几乎完全由化石组成。

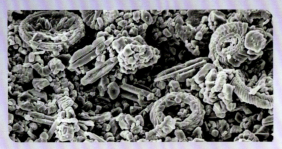

白垩

白垩等一些种类的石灰岩主要由海洋生物的化石组成。上面白垩的显微镜图像展示了由碳酸钙构成的贝壳碎屑。

砂岩

大约 1/5 的沉积岩是砂岩，它是由古老的砂粒组成的。砂岩常被用作建筑材料，因为它既耐用又易于雕刻。

泥岩和页岩

泥岩和页岩是由非常细的泥和黏土颗粒被紧紧压实而形成的，颗粒之间只有一点点能容纳胶结矿物的空间。因此，这些岩石柔软易碎。

砾岩

砾岩中含有较大的石块，比如砾石和鹅卵石，甚至由湍急的水流携带而来的巨石。它们通过一种叫作基质的细颗粒物质结合在一起，形成了砾岩。

沉积岩

在地球表面，各种各样的岩石逐渐被磨损。在千百万年的时间里，风化和侵蚀作用甚至可以将山脉分解成砂、粉砂和泥等。它们被冲进河流，汇入大海后沉入海底。又经过漫长的时间，沉积物被挤压，并在颗粒之间的微小空间中形成了矿物，它们被胶结在一起最终形成了沉积岩。

河流把陆地上的泥沙沉积物冲入大海

沉积

压实

胶结

随着时间的推移，地球板块的运动可能会抬升沉积岩，并使之发生倾斜

沉积岩地层

沉积岩趋向于形成被称为地层的平坦层状岩石，当新的物质在顶部沉积时，其重量会挤压下方较低的层并压实。沉积物中的水携带溶解的矿物质，这些矿物质在沉积物颗粒之间的空隙中结晶并使其胶结。

▼ 层层叠叠

　　在阿根廷的谢尔峡谷（也叫贝壳峡谷）中，风化作用显露出砂岩、粉砂岩、页岩和砾岩共同组成的壮观地层。这些地层是由湍急水流携带的沉积物形成的。水顺着小缝隙流出后呈扇形散开，流速变慢，沉积物沉淀到水流底部。

显微镜视角

　　如果用显微镜观察砂岩，你可以看到单个颗粒以及将它们黏合在一起的基质。其他类型的沉积岩，如泥岩，也可能含有像花粉粒等微小的化石，这些化石有助于揭示岩石的年龄。

大部分地层是由砂岩和粉砂岩组成的。铁元素在空气中发生氧化（生锈），因而呈现出红色和橙色

有些地层是由砾岩组成的，砾岩是一种颗粒较大的沉积岩

灰绿色的地层是页岩

土壤

土壤是覆盖在地壳上的表层。它是由来自地壳的岩石和矿物颗粒，空气、水、腐烂的植物和动物以及无数的微生物混合形成的。土壤只占整个地球的一小部分，但它为植物提供了水和必需的营养物质，也是很多动物的栖息之地。

砂、粉砂和黏土

大约一半的土壤是由岩石颗粒组成的。岩石颗粒的 3 种主要类型是砂、粉砂和黏土。砂颗粒最大，有助于水流通过，所以砂质土壤往往更干燥。黏土颗粒最小，能留住水分，所以富含黏土的土壤潮湿而黏稠。它们还能很好地保留养分，因此比砂质土壤更加肥沃。

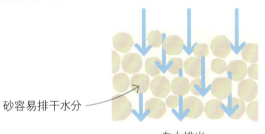

砂容易排干水分

自由排出

粉砂的颗粒比砂的小，但比黏土的大

良好排出

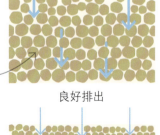

水附着在细小的黏土颗粒上，帮助土壤保持水分

限制排出

由于富含有机物，土壤上层（表土）往往比下层颜色更深

当植物的根穿过土壤时，为水和空气创造了空间。随着根的生长和扩张，它们甚至可能导致岩石发生开裂和破碎

可溶性物质，如钙、钠和钾溶解在水里，然后通过淋溶的方式进入下层土壤

土壤下面是地壳的基岩。土壤中的水分和生物活动慢慢地侵蚀着这些岩石，并将其分解成小颗粒

细菌

土壤中含有无数的微小细菌，它们关乎着土壤的健康程度。除此之外，它们在固氮过程中也起着至关重要的作用。该过程包括从大气中吸收氮，并将其转化为植物生长所需要的硝酸盐。

蚯蚓

蚯蚓在土壤中挖洞，以腐烂的有机物、真菌和细菌为食。这有助于土壤中的养分循环，以便植物利用这些养分。被蚯蚓挖出来的通道还能帮助氧气进入土壤，并到达植物的根部。

跳虫

跳虫是一种类似昆虫的生物，生活在健康土壤的顶层。它们以有机物为食，有助于分解和循环利用养分。每平方米的土壤中估计有 10 万只跳虫，这些微小的生物是地球上数量最多且生存最成功的生物之一。

◀ 土层

土壤有不同的层，称为土层。表层土壤富含有机化合物。此外，该层中还富含微小的生物。这些活物有助于分解腐烂的物质并释放养分，植物可以吸收并循环利用这些养分。再往下，土壤中逐渐风化的岩石颗粒变得更为丰富。

不同气候条件下的土壤

土壤是逐渐形成的，土壤的发育始于岩石风化后的产物，或这些产物经水或风搬运后的沉积物。随着时间的推移，当地的气候、生物和地貌都在塑造土壤的过程中发挥了作用。

冻土

在两极附近和高海拔地区，土壤中的水分可以一次冻结数年。这种"永久性冻土"暂停了腐烂的过程，这意味着冻土可以储存碳，否则这些碳会以温室气体的形式释放出来。

沙漠土壤

沙漠中的土壤形成速度缓慢。干燥的气候意味着下层岩石的风化作用更少，死亡后变成腐殖质的生物也更少。然而，低降雨量也意味着沙漠土壤中的养分不太可能被带走。它们通常在地表之下形成坚硬的白色土层。

热带雨林土壤

热带雨林只有一层薄薄的表层土，其营养成分很少。高温可以让微生物在数小时内消化腐烂的物质，溶解的营养物质很快就会被大雨冲走。而铁和铝的氧化物易在土层停留，因此，热带雨林的土壤呈铁锈般的红色。

矿物

矿物的种类令人眼花缭乱，可以与地球上最丰富多彩的植物和动物相媲美。矿物是构成岩石的基本单元。它们自然形成——通常起源于地下深处——但它们没有生命。矿物质是一种由特定化学成分组成的固体物质。每一种矿物都有一套独特的属性，这有助于你从地球上大约 6 000 种已命名的矿物中，分辨出正在观察的矿物种类。

▶ 自然宝藏

大多数岩石是由矿物质构成的，但有些形成了非常漂亮的形态，比如晶洞。晶洞是类圆形的，从外面看是普通的岩石，但打开后，就会看到一个布满矿物晶体的空洞构造。这些晶体由水中沉积的矿物形成，该过程可能需要花费数千年的时间。

晶洞内的晶体朝着其中心方向生长

很多晶洞都布满了肉眼可见的石英晶体，石英是陆地上最常见的矿物之一

玛瑙晶体

晶洞通常含有一种叫作玛瑙的特殊石英。它的晶体太小，无法用肉眼看到，但可以通过显微镜观察到。它们因其他微量物质而呈现出不同的颜色，并层层堆积，形成了海浪状图案。

整齐有序

　　矿物是纯物质，它们的化学成分可以在二维空间排列成规则的、重复的形态。这种有序的内部结构让每种矿物的晶体都具有特定的几何形状，因此有助于矿物种类的识别。

石英晶体中的硅原子和氧原子

外层通常由火山岩构成

矿物分类

　　科学家根据矿物的主要化学成分对它们进行分类和命名。例如，硅酸盐矿物含有硅和氧，通常还含有金属元素。

碳酸盐矿物

铜使孔雀石呈现绿色，但使孔雀石成为碳酸盐矿物的是非金属元素（碳和氧）。

硅酸盐矿物

硅酸盐矿物有约 1 000 种，因此成了最大的矿物种类。

利用矿物

　　从石器时代开始，人类就开始利用矿物。当时，人们学会了用黄铁矿击打燧石产生火花并取火。从那时起，人们逐渐发现了不同的矿物使用方法，如用于制造一种典型智能手机的矿物就超过 42 种。

采矿

　　含有有用矿物的岩石被称为矿石。我们用挖矿机从矿井里挖矿，但是这样做会消耗大量的能源，而且会损害自然环境。

晶体

从矿物到金属，大多数固态纯物质都是由晶体组成的。晶体通常太小，肉眼是看不到的，但在某些岩石中，它们以单独的颗粒或具有更大的几何形状呈现出来。当一种物质中的原子或分子排列成有序的、重复的模式时，晶体就形成了。当岩浆中的矿物冷却并凝固时，或者当溶解矿物的水蒸发时，就会形成晶体。

▼ 黄铁矿

晶体的形状取决于原子和分子的结构。在黄铁矿中，当铁原子和硫原子排列成重复的立方体时，它的晶体也可以发育成立方体状的。黄铁矿有时被人们误认为是黄金。最好的测试方法之一就是用指甲刮一刮——在黄金上会留下痕迹，但在黄铁矿上不会。

黄铁矿的立方体是自然形成的，尽管它们的外观看起来并不自然

原子立方体

黄铁矿内部的铁原子和硫原子排列成重复的立方体，使黄铁矿晶体呈现出看似不自然的形状。

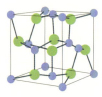

很多重复的立方体

晶系

晶体最初是一个单一的单位（一组原子或分子）。随着晶体的增长，单位也在增多。在理想的条件下，它们在三维空间沿着轴（假想的直线）整齐地排列。晶体的形状取决于轴的数量、长度和轴与轴之间的夹角，但所有的晶体都可以归为晶系的 7 个基本类别之一。

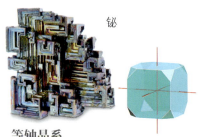

铋

等轴晶系

3 条长度相等的轴彼此成直角。等轴晶系形状包括立方体、八面体或十二面体。

符山石

四方晶系

3 条轴彼此成直角，但其中一条比另外两条长。四方晶系包括四方柱或四方柱和四方双锥的各种聚形。

黄玉

正交晶系

3 条不同长度的轴彼此成直角。正交晶体看起来像在一个方向上被压扁的四方晶体。

同素异形体

　　在不同的条件下，完全相同的原子可以形成不同的晶体。在高压条件下，碳原子形成以四面体结构排列的、质地坚硬的金刚石晶体。在低压条件下，它们形成扁平而软的石墨层，层与层之间的结合力很弱。这两种形式的碳被称为碳的同素异形体。

石墨是软的。它是构成铅笔芯的物质

金刚石是地球上最坚硬的矿物

巨型晶体

　　在适当的条件下，若时间足够长，晶体的尺寸可以无比巨大，如上图这些在墨西哥奈卡矿发现的石膏晶体一样。

祖母绿

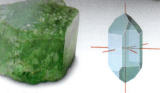

六方晶系

3 条水平轴彼此成 120°，再加上一条垂直轴。六方晶体看起来像两端各有一个突起的六方柱。

紫水晶

三方晶系

3 条水平轴彼此成 120°，再加上一条垂直轴。这就像六方晶系，只是对称线更少。上面三方晶系示意图中的形状像陡长的双锥体。

紫锂辉石

单斜晶系

两条轴彼此成直角，第三条轴倾斜。3 条轴都可以是不同的长度。单斜晶体的端面向一侧倾斜。

天河石

三斜晶系

3 条轴的夹角不同，长度也不同。三斜晶体是最不对称的，尽管具有晶系，但往往呈现出看似不规则的形状。

晶习

矿物晶体的微观组成部分呈整齐有序的几何形状。然而，当晶体在自然界中形成时，它们可以长成更复杂的形状，从纤维状、针状到葡萄状和扁平片状不等。这些独特的形状有特殊的名字，即晶习。

纤维状

某些硅酸盐矿物可以形成细长又柔韧的晶体，看起来更像植物或动物的纤维。其中，石棉是最臭名昭著的矿物——因为如果不小心被吸入体内，石棉纤维会损害肺部。

细纤维

针状

中沸石的晶体会长成细长的针状，就像小小的针垫中的针。这种晶习被称为针状，让脆性晶体的质地异常脆弱。

放射状

银星石的晶体从一个点向外放射，形成球体。当被切成两半时，紧密堆积的放射状晶体看起来就像闪闪发光的星星。

同心状

孔雀石通常具有深浅不一的浅绿色层的条带状纹理，有时纹理从中心生长出来，看起来像圆圈。切割和抛光后，这些纹理清晰可见。

一群群微小的石英晶体

葡萄状

这些圆形聚在一起像葡萄串。近距离观察，每颗"葡萄"都是一簇拥有平坦几何面的微小晶体。

透镜状

　　"沙漠玫瑰"形成于墨西哥等干燥而多沙的地方，水蒸发后留下了溶解的石膏。这些透镜状的晶体形成了像玫瑰花瓣一样的晶体簇。

层状

　　有的薄片状的矿物会堆积成层。云母能形成非常薄的薄片，厚度和一张纸差不多。

共生聚集体

　　两种或两种以上生长在一起的晶体可以形成共生的聚集体。在这里，方解石的球状群似乎是从石英晶体的"森林"中长出来的。

片状

　　硬石膏晶体通常呈扁平的片状生长。它们有时看起来像叠在一起的小记事本或扑克牌。

相对的面彼此保持平行

棱柱状

　　当绿柱石在充足的空间中缓慢生长时，它们就有机会形成巨大的棱柱状，从而展示出其内部构成单元的几何结构。

绿柱石通常形成铅笔状的六角形晶体

石笋状

　　成簇的硅孔雀石的晶体看起来像石笋，但它们生长于中空的岩石中而不是洞穴中。其美丽的蓝绿色来自铜元素。

犬牙状

　　犬牙状方解石的晶体长有锐利的尖端。有时，这些尖端是生长在较老晶体末端的独立晶体。

矿物发光

永远不要轻视看起来平淡无奇的岩石。它可能具有一种被称为荧光的非凡特性，当紫外线照射时，它会发出绚丽的光芒。壮观的发光岩石可能包含数百个荧光颗粒，它们像一个个微小的灯一样闪烁，仿佛是从内部深处发出的光。

在正常光线下，白铅矿的晶体呈棕白色

普通的手电筒

紫外线手电筒

正常光线下的正长岩　　紫外线下的正长岩

荧光是如何产生的

想要看到荧光矿物发光，则需要借助紫外线（UV）手电筒。紫外线的波长比普通光短，但能量更高，我们用肉眼是看不见紫外线的。当紫外线照射荧光物质时，比如正长岩，某些原子中的电子会吸收能量，并在原子中跳到更高的轨道上。当它们落回原来的轨道时，就发出了能量较低、波长较长的光——可见光。

▼ 在黑暗中发光

　　这块岩石含有白铅矿（碳酸铅）的晶体。某些白铅矿晶体在紫外线照射下发出明亮的黄色荧光。地质学家不确定这是由于矿物含铅量高还是含有银等杂质。一旦关闭紫外线手电筒，荧光矿物就会停止发光，但某些种类的矿物会发出更加持久的磷光。

在紫外线照射下，白铅矿会发出明亮的黄色荧光

在紫外线照射下不发荧光的矿物质看起来很暗

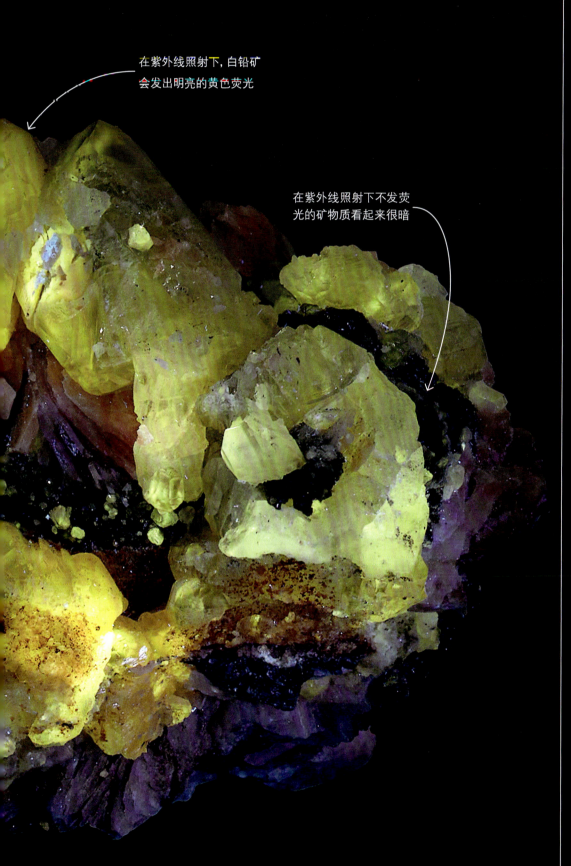

方解石

方解石是最常见的荧光矿物之一。微量的锰元素让它发出粉橘色的光。

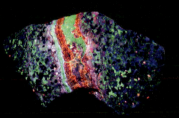

闪锌矿

闪锌矿通常在紫外线照射下发出橙色的光，但由于混合了杂质，某些闪锌矿标本会呈现彩虹色。

萤石

萤石是人们注意到的第一种在紫外线下发光的矿物。并不是所有的萤石标本都会发光，只有那些含有钇、铕或钐等元素的才会发光。

硅锌矿

这块岩石中的绿色晶体是硅锌矿，一种富含锌的矿物。它是能发出最亮的磷光的矿物之一，在关闭紫外线之后，其发光时间能持续很久。

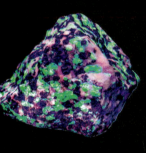

刚玉

红宝石和蓝宝石是刚玉矿物的不同形式。红宝石在紫外线下发出红光，但蓝宝石却不会发出荧光。

方钠石

有些正长岩富含荧光矿物方钠石。当被紫外线照射时，方钠石晶体会发出火一样的橙光。

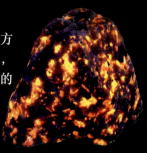

矿物颜料

岩石和矿物是最重要的天然颜料来源。石器时代的洞穴壁画表明，人类碾压和加热岩石来制作颜料的历史可能已有10万年之久。

危险的红色

朱砂（硫化汞）是在火山和温泉附近发现的一种矿物。它曾经被研磨成一种叫作朱砂的血红色颜料。朱砂加热到一定温度会释放有毒的汞蒸气。

朱砂粉末

朱砂

朱砂颜料

赤铁矿

赤铁矿粉末

红赭石色颜料

铁红色

数万年来，人们一直用含有氧化铁的岩石和矿物来制作颜料。黄赭石色、红赭石色和棕赭石色都类似于制造它们的岩石和土壤的颜色。它们也可以被烤成更深的颜色。

青金石粉末

青金石

群青颜料

珍贵的蓝色

自然界中很少有蓝色颜料，所以蓝铜矿曾经像黄金一样珍贵。它可以经过打磨制成宝石——青金石，或被研磨成极佳的蓝色颜料——群青。

迷幻的绿色

孔雀石是一种含铜的碳酸盐矿物，也是最古老的绿色颜料的来源之一。古埃及墓葬墙壁上的绘画中就使用了它。

孔雀石

致命的金黄

雌黄这种矿物颜料即使被磨碎并制成颜料，也能保持金黄色的光泽。它也被称为"帝王黄"，用于装饰中世纪的手稿。雌黄里没有金子。相反，它含有致命的砷元素，曾被用来制造可怕的毒药。

雌黄粉末

雌黄

黄色颜料

古典的蓝色

古时的艺术家常使用一种叫作蓝铜矿的碳酸铜矿物来制作蓝色颜料。粉末研磨得越细，蓝色就越浅。

石青颜料

蓝铜矿粉末

蓝铜矿

孔雀石粉末

孔雀石绿颜料

雄黄粉末

橙色颜料

雄黄

明亮的橙色

雄黄矿物可以研磨成明亮的橙色颜料，它在古埃及被用来装饰纸莎草纸和墓室。现在很少有人会使用这种颜料了，因为它像雌黄一样含有有毒元素砷。

白垩

白垩粉末

白垩白颜料

白色颜料

柔软的白垩是最早被研磨并用作白色颜料的矿物之一。它在史前的洞穴作品中被发现，至今仍然是一种广受欢迎的艺术材料。

黑色颜料

石墨（碳的一种形式）和软锰矿等氧化锰矿物，都是黑色和深棕色颜料的来源。

石墨

石墨粉末

黑色颜料

条痕测试

很多矿物的颜色会发生变化，这增加了识别它们的困难程度。条痕测试可以用来发现它们的真实颜色。可以通过在白色瓷盘上用矿物划条痕的方式来完成实验。比瓷盘更硬的矿物在实验之前可能需要研磨或粉碎。

雌黄

赤铁矿

铬铅矿

黄铜矿

朱砂

辉钼矿

祖母绿

祖母绿是绿柱石的品种之一。其深绿色来自一种杂质——铬元素。祖母绿很稀有，所以很珍贵。其他类型的绿柱石，如淡蓝色矿物——海蓝宝石则更为常见，因此其价格更便宜。

宝石切割成的各个平面称为刻面

祖母绿

岩石中未被切割的祖母绿

蓝宝石

蓝宝石是由一种叫作刚玉（氧化铝）的矿物制成的。刚玉的不同的颜色，如蓝色、绿色、黄色、粉红色，都来自其所包含的杂质。因微量的铁和钛代替了一些铝原子，蓝宝石晶体可以吸收除蓝色以外的所有颜色的光，而蓝色光会被反射出来，让它呈现出蓝色。

蓝宝石

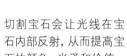

岩石中未被切割的蓝宝石

红宝石

红宝石是刚玉晶体，其中约 1% 的铝原子被铬原子取代。这种杂质使红宝石呈深红色。和蓝宝石一样，红宝石坚硬耐用，是制作珠宝的理想材料。

岩石中未被切割的红宝石

切割宝石会让光线在宝石内部反射，从而提高宝石的颜色、光泽和价值

红宝石

宝石的种类

一旦你了解了地球科学的奥秘，那么每一块石头都如同宝藏。但最珍贵的石头是宝石。这些结晶矿物因其光泽和颜色而受到人们的重视。它们通常被切割和抛光，以改善形状和光泽，因而增加了美丽程度。

玉

硬玉和软玉都是宝石玉的来源，玉因其漂亮的颜色和光滑的质地而受到珍视。玉很硬，但可以雕刻出精美的图案。

玉可以抛光成光滑的鹅卵石样

抛光后的玉

未被抛光的玉

石榴石

石榴石是硅酸盐矿物。像蓝宝石和红宝石一样，它们的颜色来自杂质。硅酸盐矿物并不罕见，所以石榴石不像蓝宝石和红宝石那样珍贵。

切割后的石榴石

岩石中的石榴石

青金石

大多数宝石是单一矿物的晶体，但青金石是几种矿物的混合物，通常包括蓝色的青金石、白色的方解石、金黄色的黄铁矿和蓝色的方钠石。这种稀有的岩石因其深蓝色而备受重视，可以被抛光成凸圆形宝石。

抛光后的青金石

未经加工的青金石

未经加工的日光石

抛光后的日光石

日光石

长石是地壳中最常见的矿物之一，但它们有时会长成大晶体，被用来制作宝石。日光石呈现出金色，带有金属光泽，这是由长石中嵌有的其他矿物斑点造成的。

月光石

月光石也是长石类宝石。它拥有珍珠般的光泽，蓝色的亮点灿烂夺目。这意味着当从不同角度观察时，其颜色会闪烁并变化，就像肥皂泡上的颜色。

未经加工的月光石

抛光后的月光石

蛋白石

蛋白石没有晶体结构，因此，它属于似矿物而不是矿物。最珍贵的蛋白石具有灿烂的七彩色。黑色的蛋白石比钻石更为稀有，而且可能价格更高。

未经加工的蛋白石

抛光后的蛋白石

金刚石

金刚石是一种由碳元素构成的矿物，其元素与煤的主要元素和铅笔中的石墨属于同一种。然而，是什么让金刚石如此特别？对于珠宝商来说，是因为它们的稀有和闪耀的光泽。对制造工具的人来说，是因为它们的硬度。对于地球科学家来说，是因为它们到达地球表面所要经历的火山喷发之旅。

金刚石晶体中含有杂质，或暴露在自然辐射下，有时会让金刚石呈现绿色

四面体形状

金刚石内部

金刚石的硬度来自碳在高温高压下结晶时的原子结合方式。每个碳原子与其他 4 个碳原子形成具有强化学键的四面体（金字塔）形状。这种形状可以抵抗来自各个方向的压力，使金刚石非常坚固。

橄榄石矿物使金伯利岩呈现出绿色

镶嵌在金伯利岩中的金刚石

被携带的金刚石

所有天然金刚石的年龄都非常古老——10 亿年或更久——且形成于至少 150 千米的地下。地质学家仍然不能确定金刚石究竟是如何形成的。目前在矿井中发现的大多数金刚石，都嵌在一种叫作金伯利岩的岩石中。这种岩石是由火山喷发时上升到地球表面的岩浆形成的。火山喷发时，金伯利岩携带着各种原石向上涌动，其中就包括金刚石。

圆粒金刚石是小的粒状晶体，通常被碾碎用作工业磨料

▼ 未经加工的金刚石

天然的、未经切割的金刚石有很多形状和颜色。有些晶体是八面体的——就像两个金字塔在它们的方形底部连接在一起，另一些是圆形或不规则的形状。最常见的颜色是白色、黄色和棕色，但金刚石也可以呈现出绿色、橙色、红色和蓝色。

这种八面体晶体的品质适合被切割成钻石

金刚石钻头

金刚石是最坚硬的天然物质，非常适合切割或钻入其他坚硬的物质，如岩石、金属和宝石，包括其他钻石（金刚石）。图中展示的金刚石钻头正在抛光金属。

切割钻石

像其他宝石一样，钻石被切割成一系列对称的形状，有很多刻面。刻面反射了钻石内部的光线，让钻石看起来闪闪发光。钻石非常坚硬，只能用涂有金刚石涂层的工具来切割和抛光。

垫形　圆形明亮型　长方形　混合型

橄榄形　方形　祖母绿形　梨形　椭圆形

钻石火彩

钻石比玻璃更能折射光线。因此，光在被切割的钻石内部四处折射，并在射出时分解成彩虹色。这使钻石产生了被称为钻石火彩的彩色闪光。

明亮型切割的钻石

自然元素

化学元素是构成物质的基石，每种化学元素由一种不同的原子组成。我们周围的大部分物质都是由化合物——不同元素结合成的物质组成的。然而，在地壳中可以找到少量的由同种元素组成的物质。这些被称为单质。

▼ 银单质

银被归类为贵金属，因为它相对稀有。在很长一段时期里，它一直被用作货币，在某些时期比黄金更有价值。今天，这两种金属在电子器件中都很重要，因为它们具有良好的导电性能。银的延展性很好，这意味着它可以被拉成细线。1 克银可以伸展 2 千米。

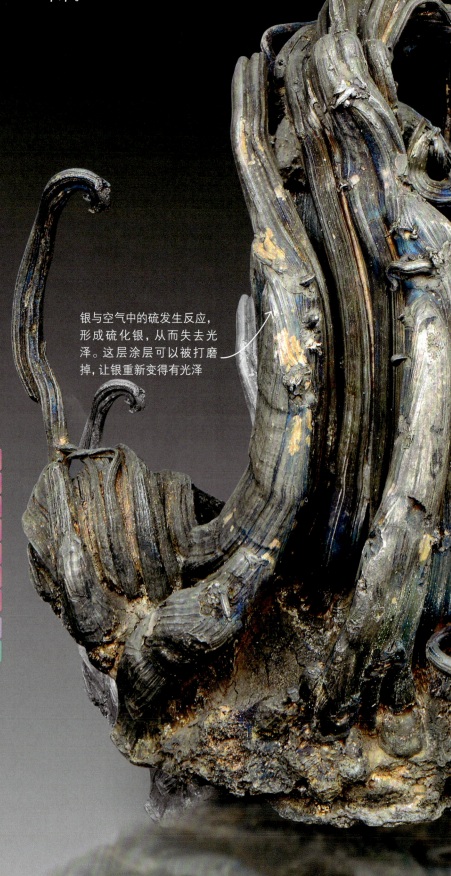

银与空气中的硫发生反应，形成硫化银，从而失去光泽。这层涂层可以被打磨掉，让银重新变得有光泽

垂直的列称为族

水平的行称为周期

H																	He
Li	Be											B	C	N	O	F	Ne
Na	Mg											Al	Si	P	S	Cl	Ar
K	Ca	Sc	Ti	V	Cr	Mn	Fe	Co	Ni	Cu	Zn	Ga	Ge	As	Se	Br	Kr
Rb	Sr	Y	Zr	Nb	Mo	Tc	Ru	Rh	Pd	Ag	Cd	In	Sn	Sb	Te	I	Xe
Cs	Ba	La-Lu	Hf	Ta	W	Re	Os	Ir	Pt	Au	Hg	Tl	Pb	Bi	Po	At	Rn
Fr	Ra	Ac-Lr	Rf	Db	Sg	Bh	Hs	Mt	Ds	Rg	Cn	Nh	Fl	Mc	Lv	Ts	Og

La	Ce	Pr	Nd	Pm	Sm	Eu	Gd	Tb	Dy	Ho	Er	Tm	Yb	Lu
Ac	Th	Pa	U	Np	Pu	Am	Cm	Bk	Cf	Es	Fm	Md	No	Lr

元素周期表

元素周期表是按照原子序数（原子核中质子的数量）顺序排列的元素的图表。属于同一列的元素具有相似的化学性质。每种元素都有独特的化学符号。例如，碳是 C，金是 Au，银是 Ag，铜是 Cu。

当银单质在洞中结晶时，它会形成令人惊讶的各种形状，从薄片状、板状到精细分支的晶体状和长而卷曲的金属丝状

天然银单质有丝状的晶习

金

由于金不易与其他元素发生反应，所以它不易褪色，并一直保持光泽。加之它的稀有和颜色，因此成了最珍贵的金属之一。

铂

铂比金还稀有。铂的熔点较高，所以铂金饰品传统上是锤打成形的。

铜

作为世界第三大常用金属，铜经常被用来制造电线。大约 5 000 年前，人们发现可以将铜与锡混合制成更坚固的金属，从而开启了青铜时代。

硫

在火山附近的岩石中可以找到纯净的、亮黄色的硫黄晶体。虽然它以形成难闻的化合物而闻名，但纯硫是没有气味的。

碳

碳以金刚石、石墨等形式存在，已经被使用了几千年。直到 18 世纪，化学家才意识到这些物质都是同一元素的不同形式。

铁矿石

在岩石中，铁和其他很多有用的金属是以化合物而不是单质的形式被发现的。这些金属是通过熔化、焙烧或化学反应的方式从矿石（岩石）中提取出来的。

硫黄池

　　埃塞俄比亚的达纳基勒洼地是地球上最像外星球的地方之一。在这里，坐落在活跃的火山口之间的温泉，被硫和铁元素染成黄色和橙色并发出像臭鸡蛋一样的恶臭味。被岩浆加热的泉水接近沸腾，盐度饱和，且酸度令人难以置信，然而，在这滚烫的化学浓汤中，人们发现了奇特的微生物。

生物矿物

　　虽然大多数矿物是在岩石中被发现的，但也有一小部分矿物可以在生物体内找到。这些生物矿物是由生物体产生的，用于支持、防御、感受或储存有用的物质。在植物、动物和真菌等中，人们发现了60多种不同种类的生物矿物。有些人甚至认为，矿物晶体在生命起源的过程中发挥了重要作用。

植物的自我保护机制

　　草酸钙晶体存在于各种形状和大小的植物中。这些在叶子和茎中形成的针状晶体，通过破坏食草昆虫的口器来阻止它们进食。有些植物长有刺或顶端长有毛一样的草酸钙结构，以阻止食草动物进食。

五叶地锦

针状的草酸钙结构

海洋的珠宝

　　海洋的表层水中充满了无数微小的、像植物一样的微生物——浮游植物。许多这种单细胞生物用二氧化硅或碳酸钙矿物制成的外壳来保护自己。硅藻拥有如此华丽的硅壳，有时被称为海洋的珠宝。

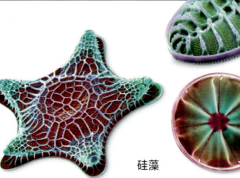

硅藻

白垩

　　浮游植物在死亡后沉入海底。经过数百万年的时间，浮游生物的外壳可以积聚形成厚层，并演变成岩石。白垩是一种由碳酸钙碎屑形成的岩石，这些碎屑曾经组成颗石藻的外壳。

颗石藻

英国的白垩悬崖

珍珠层

珍珠层闪耀的光芒被珠宝、家具和乐器制造商所珍视

　　有些软体动物的壳很坚硬，因为有一层珍珠层。这种闪闪发光的矿物是一种特殊的碳酸钙，也被称为文石。它排列成微小的板状，中间夹着有弹性的蛋白质以防止开裂。对于螃蟹或鱼来说，这种外壳很坚固，更难打开。

珍珠

　　除了在外壳上覆盖珍珠层以外，某些牡蛎和贻贝有时也会用珍珠层覆盖些异物。经过几个月或几年后，珍珠层会逐渐形成珍珠。几个世纪以来，这些闪闪发光的、对于动物本身来说没有什么作用的废物却被人类当作珠宝。

长牡蛎中的珍珠

有壳的软体动物死亡和腐烂后，其碳酸钙外壳被留下

螺旋壳

　　从陆地上的蜗牛到海洋中的贝类，许多软体动物都用碳酸钙来建造它们的壳，以保护它们柔软的身体免受捕食者的侵害，并防止自己变干。随着软体动物的生长，矿物会呈层状分布并延伸生长。因此有些贝壳和蜗牛壳呈现出螺旋状的图案。

盔甲装

最初，蟹的外骨骼是由蛋白质和碳水化合物组成的可弯曲的支架结构。当支架的缝隙逐渐被方解石（一种碳酸钙）填满时，其外壳就会硬化成令人生畏的盔甲。

鹦鹉螺的壳

建造珊瑚礁

珊瑚礁是由一种被称为珊瑚虫的微小生物的骨骼构成的。每一只珊瑚虫都建造了一个坚硬的碳酸钙庇护所，并伸出触手来收集食物。当珊瑚虫死亡时，新一代珊瑚虫的骨骼会在死亡珊瑚虫的骨骼上形成。就这样，珊瑚礁在数百万年的时间里缓慢生长。

珊瑚骨骼

骨骼和牙齿

磷灰石的微小晶体是人体骨骼和牙齿的重要组成单元。磷灰石含钙磷酸盐矿物，也存在于岩石中。人体每块骨头的内部都存在一个活细胞网络，它控制着磷灰石晶体的排列方式。牙齿上的牙釉质95%是磷灰石，是人体内最坚硬的物质。

保持平衡

耳石是一种微小的碳酸钙晶体，形成于内耳深处。当你的头移动时，耳石就在耳石膜上微微移动。这会向你的大脑发送信号，告诉肌肉如何调整身体位置，并让你保持平衡。

不需要的矿物

某些疾病是由矿物晶体生长在了人体内错误的地方所引起的。例如，肾结石是由尿液中的溶解盐聚积而成的。这张显微镜图像显示了从肾结石表面延伸出去的草酸钙晶体。

如果地球没有**大气层**，生命就不会存在。这层薄薄的**大气层**保护我们免受强烈的太阳光线，以及外太空寒冷的真空环境伤害。它给我们提供了可呼吸的空气、稳定的**气候**，以及以雨和雪的形式补给的淡水。

大气

大气运转

大气是围绕地球的一层薄薄的空气。如果没有大气，动物就不能呼吸，植物就不能生长。如果没有这一层保温的空气，地球表面就会结冰，世界上所有的水都会变成冰。也不会有风、云、雨等——实际上，根本不会存在天气现象，只有太阳每天在升起和落下。

臭氧层

大气中的空气主要由两种气体组成：氮气（78%）和氧气（21%）。氧气可以供我们呼吸。臭氧保护我们免受有害的紫外线辐射。臭氧主要存在于平流层（大气的第二层）。

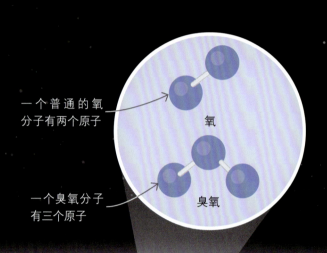

一个普通的氧分子有两个原子

氧

一个臭氧分子有三个原子

臭氧

地平线

▼从太空看地球的大气

在这张图片中，大气呈现出蓝色的薄雾状，其颜色随着高度的增加而逐渐变暗。大气没有明确的边界——随着高度的增加，空气只会变得越来越稀薄，最后只剩下真空的空间。

大多数云停留在大气的最底层——对流层

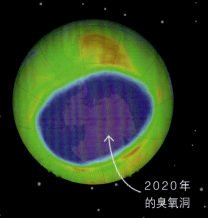

2020年
的臭氧洞

臭氧洞

　　在 20 世纪 80 年代，科学家们发现南极洲上空的臭氧层非常薄。这种臭氧洞是由人类生产生活中向大气排放的氯氟烃化合物所造成的。氯氟烃被禁用后，这个洞开始慢慢缩小。

平流层的云

　　平流层通常没有云。然而，在寒冷的极地地区，平流层偶尔会形成由闪闪发光的冰晶组成的彩色的云。其最佳观赏时间是在日落之后，那时天空变暗了，但高处的云层捕捉到了最后一缕光线。

大气分层

　　大气可分为 5 层，主要根据温度变化来划分。

外逸层
500 千米以上

人气的外缘，在那里它逐渐消失在太空中，被称为外逸层。

热层
85~500 千米

理论上，这是大气中最热的一层，因为强烈的阳光可以在白天将空气分子加热到 1 200 摄氏度。然而，这里的空气分子太少了，如果人类到访这里会觉得冷得要命。国际空间站和很多卫星都在这一层绕地球运行。

中间层
50~85 千米

中间层是最冷的一层，夜间气温低至 -83 摄氏度。宇宙中的流星体进入大气层后，会在中间层燃烧形成流星。

平流层
18~50 千米

飞机和气象气球都在平流层飞行，这里通常是晴朗无云的。由于臭氧吸收了太阳光的能量，因此，这一层的温度随高度的增加而升高。

对流层
0~18 千米

这一薄层是我们赖以生存之地。它是大气中人类体感最温暖、密度最大的部分，富含来自海洋的水蒸气。几乎所有的云和天气现象都在这里发生。

空气的构成

我们周围看似空旷的空间里其实充满了空气。空气是无色无味的气体混合物。我们看不见也闻不到它们，但每当风吹在我们的皮肤上时，我们就能感觉到它们。对地球上的生命来说，空气是必不可少的。它维持了气候的稳定，并提供了生物释放食物中的化学能所需的氧气。

▶ 空气中的氧气含量

该实验展示了空气中氧气的含量。潮湿的铁丝被放置在一个倒置的玻璃管中，底部有一盘水。当铁暴露于氧气中时，就会发生化学反应。铁与氧反应形成铁锈。这会让空气中用于反应的氧气消失。

铁丝被浸湿，以促使生锈反应的发生

1 开始时

实验开始时，玻璃管中的水位与培养皿中的水位相同。铁丝还没有生锈。

装有空气的玻璃管

水

氮78%

氧21%

氩0.93%
二氧化碳0.038%
氖0.0018%
氦0.0005%
氪0.0001%
氢0.00005%
氙0.000009%

哪些气体组成了空气

有两种气体共同组成了地球大气中99%的空气：氮气（78%）和氧气（21%）。剩下的1%包括很多其他的微量气体。其中包括二氧化碳和臭氧，前者起着温室气体的作用，可以让地球维持足够的温度，而臭氧可以让地球上的生命免受太阳紫外线的伤害。

铁丝生锈了,耗尽了玻璃管里所有的氧气

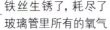

❷ 两天后

水上涨了,因为玻璃管里所有的氧气都用于反应了。由于空气中的氧气占了21%,所以水位会上涨原空气柱高度的21%。

玻璃管里的水上升了约21%

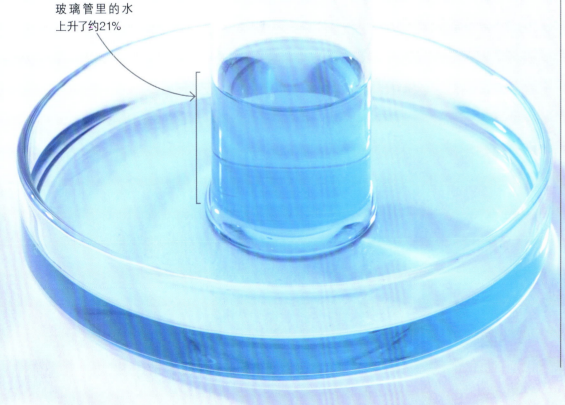

生锈的铁

　　铁锈呈红棕色,其化学名称为氧化铁(Fe_2O_3)。水使铁和氧之间的化学反应成为可能。

空气中还有什么其他物质

　　气体并不是大气中唯一的物质。液态或固态形式的水以及灰尘、煤烟和灰烬等微小颗粒也飘浮在其中。空气中还存在生物。

水

云是由飘浮在空气中的液态水滴或固态冰晶构成的。我们的眼睛看不到单个的水滴和冰晶,但即使是很小的一片云里也存在几十亿个水滴或冰晶。

空气悬浮粒子

灰尘和空气中的其他悬浮粒子有许多来源。例如,火山喷出的大量火山灰,强风吹到空中的沙粒,从工厂的烟囱里排出的煤烟。

空气浮游生物

微小的生命形式飘浮在空气中,包括病毒、细菌、花粉(上图)、种子等,它们被称为空气浮游生物。一些小蜘蛛能在空中飞行数百千米,它们利用蜘蛛丝随风飘荡,寻找新的住所。

气压

空气并非没有重量，在重力的牵引下，它对地球表面施加了一个力，即气压。当测量气压时，其实是在测量大气中从气压计直到太空边缘的空气柱的重力。地球表面上，每平方厘米都有大约 1 千克的空气压在其上方。

▼ 挤压力

可以用这个简单的例子，对空气在我们周围施加的力进行说明。密封瓶内的气压因为冷却而降低，直到瓶壁不能再承受外界空气的压力。

现在，瓶子里的气压比外面的气压小

水蒸气凝结成水滴，减少了瓶中的气体量

瓶外的气压等于瓶内的气压

❶ 添加热水

往一个塑料瓶中装一半热水，静置一分钟，让瓶内的空气升温。然后将瓶子密封。瓶内的热空气比瓶外空气的密度小，但气压相等。

❷ 冷却瓶子

将瓶子放入一碗冰中，冷却瓶子里的空气，使瓶内气压降低。水蒸气凝结，进一步降低了瓶内气压。

气压差太大了，瓶子的侧面被压变形了

❸ **被压变形的瓶子**

瓶子放置在冰中，瓶内的气压继续下降。最终，瓶子的侧面无法承受来自外部的空气压力，因此瓶子被气压向内压变形了。

气压和海拔

气压随着海拔高度的增加而下降。在山上，气压可能不到在海平面时的一半，这会让我们呼吸困难。因此，登山者有时会携带氧气罐。

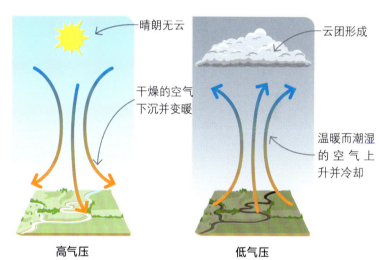

晴朗无云

干燥的空气下沉并变暖

云团形成

温暖而潮湿的空气上升并冷却

高气压　　　　　低气压

气压和天气

当气压高时，通常意味着寒冷、干燥的空气从高空下沉。这阻止了云的形成，因此带来了好天气。当气压低时，地面附近的暖空气上升并冷却。空气中的水蒸气凝结成云，也许还会下雨。低气压通常意味着坏天气。

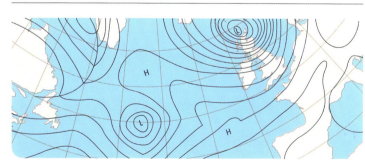

气象图

天气预报中使用的气象图通常会显示出气压，因为它会告诉我们天气将会是什么样子。在气象图中，等压线是连接气压相等的点的黑线。高气压区域用字母 H 表示，低气压区域用字母 L 表示。

蒲福风级

　　很久以前，很少有科学仪器能测量风速。因此，1805 年，蒲福拟定了蒲福风级，根据风对地面或海面的影响来描述风力大小。直到现在，人们还在使用这个标准，且添加了风速的数值。

⓪	①	②	③	④
无风	**软风**	**轻风**	**微风**	**和风**
烟垂直上升。	烟随风轻轻飘散。	风吹在脸上能感觉到。	能把树叶和小树枝吹动。	能把地上的落叶吹起。
风速小于1千米/时	1~5 千米/时	6~11 千米/时	12~19 千米/时	20~28 千米/时

风

　　风是跟地面大致平行的空气流动的现象。空气从高气压区流向低气压区，就像河流从高地流向低地一样。风的方向也受到地球自转的影响。

▶ 飘忽不定的风

　　在世界上的大部分地区，风向都是多变的。然而，在热带海洋上空，风通常是从东向西吹的。因此，这些可靠的东风被称为信风。在古代，船需借助风力航行，信风能帮助水手在世界各地运输货物，所以也称"贸易风"。

兜住风的帆能推动船前进

5 劲风
小树开始摇摆。
29~38千米/时

6 强风
大树枝随风摇动。
39~49千米/时

7 疾风
整棵大树都在摇动。
50~61千米/时

8 大风
树枝从树上折断。
62~74千米/时

9 烈风
对屋顶造成轻微损坏。
75~88千米/时

10 狂风
将树木连根拔起，建筑物损坏较重。
89~102千米/时

11 暴风
对建筑物造成大量破坏。
103~117千米/时

12 飓风
陆地罕见，造成毁灭性的破坏。
118~133千米/时

利用风能

长久以来，人们利用风在风车里把小麦磨成面粉。今天，风力发电机被用来发电。这些设备在多风的地方，如山顶或海边的使用效果最好。

急流

地球表面上方大约10~15千米处是被称为急流的狭窄的强风带，风速可超过240千米/时。飞机会利用这些风来加速飞行。

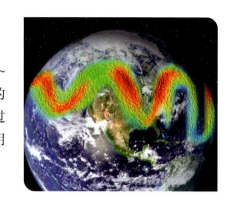

科里奥利效应

地球的自转使沿地表流动的风发生偏转。这种偏转被称为科里奥利效应，你可以用一个旋转的地球仪来演示这种效应。

❶ 逆时针旋转地球仪来代表地球的自转。然后用钢笔快速地从北向南垂直地画一条线。

❷ 这条线画出来不是垂直的。当地球旋转时，它向西偏转，形成一条曲线。同样的事情也发生在信风上，这就是在北半球信风从东北吹向西南的原因。

盛行风

一地在某段时间内出现的风向频率最多的风被称为盛行风，能影响当地气候。例如，西风带的风主要来自西方，温暖而潮湿。地表的风与大气环流有关。

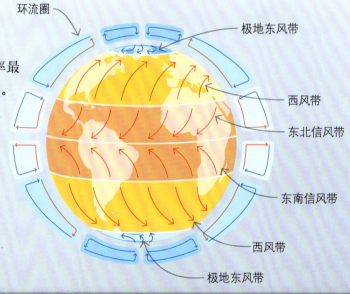

环流圈

极地东风带

西风带

东北信风带

东南信风带

西风带

极地东风带

炎热和寒冷的气候

　　有些地区一年四季都很热；有些地区总是很冷；有些地区夏天温暖，冬天寒冷。这种长期的天气特征被称为气候，由地球的形状和它从太阳接收热量的方式等因素决定。

▶ 平均温度

　　这个地球仪显示了地球全年的平均温度。最炎热的地方在赤道附近的热带地区。最冷的地方在两极地区。

因为温暖的洋流，欧洲西北部比大西洋另一边的加拿大更加温暖

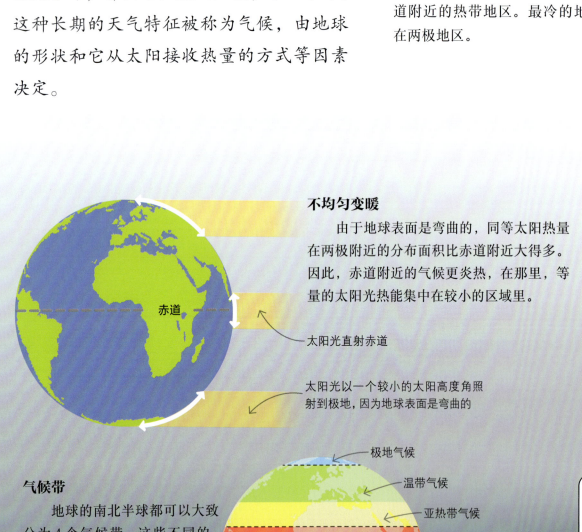

北回归线

赤道

南回归线

不均匀变暖

　　由于地球表面是弯曲的，同等太阳热量在两极附近的分布面积比赤道附近大得多。因此，赤道附近的气候更炎热，在那里，等量的太阳光热能集中在较小的区域里。

赤道

太阳光直射赤道

太阳光以一个较小的太阳高度角照射到极地，因为地球表面是弯曲的

气候带

　　地球的南北半球都可以大致分为 4 个气候带。这些不同的区域环绕地球呈带状分布。例如，热带地区位于南北回归线之间。

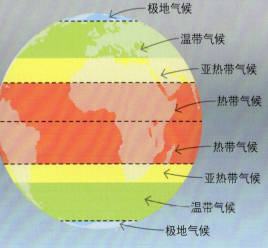

极地气候
温带气候
亚热带气候
热带气候
热带气候
亚热带气候
温带气候
极地气候

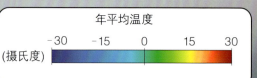

年平均温度

−30　−15　0　15　30

（摄氏度）

北极圈

极地气候

来自太阳的热量很少能到达极地地区，尽管夏天时太阳从不落山。该地区的气候一年四季都非常寒冷，尤其是在没有阳光的冬天。

◀ 挪威的斯瓦尔巴群岛

亚洲的青藏高原平均海拔约4 000米，因此该地区非常寒冷

温带气候

温带地区夏天温暖，冬天凉爽。这些地区的气候是温和的，既不太热也不太冷。

◀ 格鲁吉亚的博尔若米——哈拉加乌利国家公园

亚热带气候

亚热带地区的夏季漫长而炎热，冬季短暂而温和。世界上主要的荒漠大多位于亚热带。

◀ 沙特阿拉伯的麦地那

热带气候

在赤道，大量来自太阳的热量使空气变暖并上升。空气中含有大量的水分，这些水分凝结成云。因此，热带地区的气候炎热，但同时也多云而潮湿。

◀ 乌干达的布恩迪难以穿越国家公园

潮湿和干燥的气候

　　环绕地球的风从海洋中吸收水分,然后将其以雨或雪的形式倾倒在陆地上。不过,并非所有地区的降雨量都相同。荒漠的降雨量很少,而有些地区一天的降雨量比荒漠一年的降雨量还要多。

▶ 潮湿和干燥

　　这个地球仪显示了世界不同地区的年平均降雨量。最潮湿的地方(深蓝色)位于赤道附近。而荒漠是最干燥的地方(浅蓝色),主要位于南北回归线附近。

年降水量
毫米　0　　2 500　　5 000　　7 500　　10 000

为什么赤道附近是潮湿的

　　被称为哈得来环流的空气循环模式,导致在赤道附近产生了潮湿地区并在其周围产生了干燥地区。

❶ 潮湿的信风在赤道汇聚。温暖的气候加热了潮湿的空气,使其上升。

❷ 当空气上升后,它会冷却,水蒸气会凝结形成云和雨,然后又落回地面。

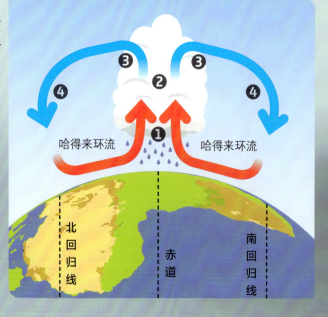

哈得来环流　　哈得来环流

北回归线　　赤道　　南回归线

❸ 在冷却并失去水分后,现在的空气是干燥的。它远离赤道,并向南北扩散。

❹ 凉爽干燥的空气在南北回归线附近下沉,使这些地区的气候变得干燥。然后,空气又流回赤道,如此循环往复。

荒漠

有的荒漠的年降雨量不到 250 毫米，这些地区可以持续数月甚至数年不降雨。动植物需要特殊的适应能力才能在荒漠中生存。

热带雨林

赤道附近几乎每天都下雨，年降雨量可超过 2 000 毫米。炎热的气候和充足的雨水非常适合植物生长，所以热带雨林在赤道附近繁茂生长。

雨季和旱季

位于荒漠地带和多雨的热带之间的热带草原地区往往具有明显的雨季和旱季。植物在旱季死亡或休眠，土地变得干燥而多尘。当雨季来临时，风景又变绿了。

"白色荒漠"

世界上并非所有的荒漠都位于炎热地区。南极洲被认为是"极地荒漠"，因为它每年只有大约 50 毫米的降水量。水以雪的形式落下，堆积起来且不融化，因为气温太低了。南极洲的平均海拔为 2 350 米，但主要是一层厚厚的冰层。

雨带

赤道附近有一条永久的雨带。潮湿的信风吹过海洋，流向赤道，不断地给这个地带增加水分。由于地轴是倾斜的，在北半球的夏季，雨带向北移动，在北半球的冬季，雨带向南移动，因此在某些区域形成了每年都会重复发生的雨季和旱季循环。

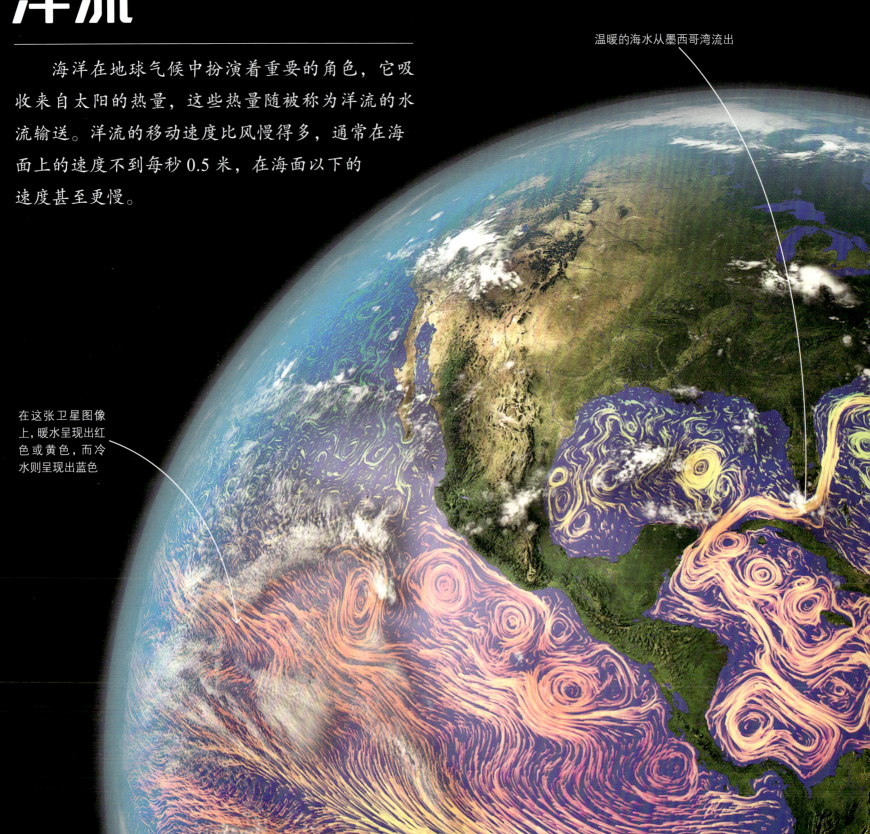

▼**墨西哥湾流**

在这张根据卫星数据制作的图片上，显示了一支被称为墨西哥湾流的暖流，它从墨西哥湾流出，携带着热量向北流向欧洲。这支湾流是由风和北极附近寒冷而咸的海水下沉所驱动的。由于受到墨西哥湾流的影响，欧洲西北部的气候相对温和。

温暖的海水从墨西哥湾流出

洋流

海洋在地球气候中扮演着重要的角色，它吸收来自太阳的热量，这些热量随被称为洋流的水流输送。洋流的移动速度比风慢得多，通常在海面上的速度不到每秒 0.5 米，在海面以下的速度甚至更慢。

在这张卫星图像上，暖水呈现出红色或黄色，而冷水则呈现出蓝色

全球洋流

右图展示了全球的洋流。在大洋里由海面的风引起的循环流被称为表层环流。环流在北半球顺时针流动，在南半球逆时针流动。还有一支寒流绕着南半球流动而不受陆地的干扰。它由咆哮西风带的强大西风所驱动，其范围位于南纬40°到50°之间。

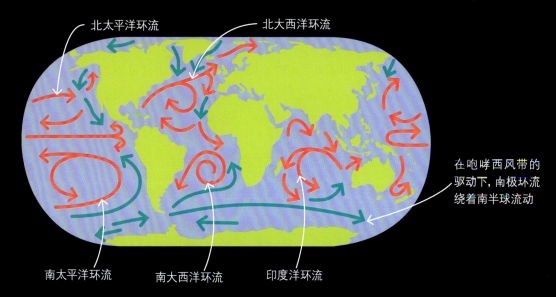

北太平洋环流

北大西洋环流

在咆哮西风带的驱动下，南极坏流绕着南半球流动

南太平洋环流　　南大西洋环流　　印度洋环流

■ 暖流
■ 寒流

水向北流动时温度降低

这些漩涡被称为涡流

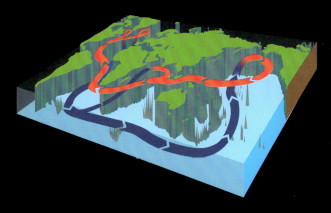

全球输送带

表层洋流与深层的水下洋流共同形成了一条连接世界各大洋的"全球输送带"。输送带的移动速度比单纯由风驱动的洋流慢，大约需要1 000年才能完成一个完整的循环。水下洋流从北极附近开始，寒冷的咸水在那里下沉，开始了缓慢而曲折的环游世界之旅。

漂浮的垃圾

"太平洋垃圾带"由一大片漂浮的垃圾组成。这些垃圾被北太平洋环流的漩涡慢慢地困住了。这里面含有大型的废弃物品，如渔网和塑料包装，以及数万亿个小得看不见的微小塑料颗粒（微塑料）。

被冲上夏威夷海滩的垃圾

冷锋到来时，首先形成
的是薄而高的云

从太空看锋面

利用卫星图像，我们
可以从太空中看到锋面。
它们以长长的云带形式
出现，其中一些可以
超过 1 000 千米长。卫
星图像帮助我们研究天
气模式，并根据云的运
动预测即将被风暴袭击的
范围。

锋面

地球大气中的空气混合得并不均匀。有时，一种大
量的空气会与另一种更热、更冷、更湿或更干燥的空气
发生碰撞。这些相互碰撞的气团之间的边界被称为锋面，
就像在战场上交锋一样。它们经常带来恶劣的天气，包
括云、雨、雪和雷暴。

▲冷锋

即将到来的冷锋带来了巨大的变
化。当暖空气被冷空气向上推动时，首
先形成了薄而高的云。云很快变得更厚
更暗，阻挡了更多来自太阳的光线。这
是即将下雨的征兆。

气象图

气象图用彩色的符号表示锋面，用等压线表示气压相等的区域。高气压区带来稳定而干燥的天气。而低气压区则带来潮湿而多风的不稳定天气。

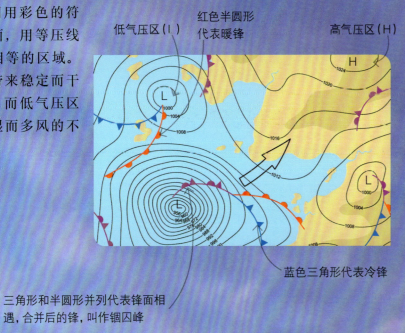

低气压区（L）　红色半圆形代表暖锋　　高气压区（H）

蓝色三角形代表冷锋

三角形和半圆形并列代表锋面相遇，合并后的锋，叫作锢囚峰

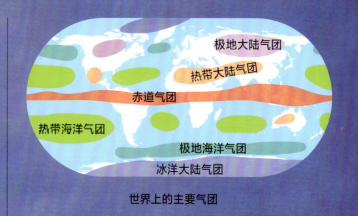

世界上的主要气团

极地大陆气团
热带大陆气团
赤道气团
热带海洋气团
极地海洋气团
冰洋大陆气团

气团

气团是热的还是冷的、是干的还是湿的，主要取决于它们来自哪里。极地气团是冷的，而热带气团是暖的。海洋气团是湿润的，而大陆气团是干燥的。上面的地图显示了主要气团。

锋的类型

锋主要有 3 种类型，每一种都会产生一种特定的天气。

冷空气　暖空气

暖空气
冷空气　冷空气

暖空气
冷空气

冷锋

寒冷而密度大的空气向前移动，推动较轻、较热的空气向上移动，形成了一层厚厚的云带，经常伴随着大雨。

锢囚锋

在锢囚锋中，一团暖空气被来自两侧的两个冷空气团向上挤压。暖空气在上升的过程中形成了云。

暖锋

向前移动的暖空气会上升到较冷、较稠密的气团上方，形成一条携带着雨的宽阔云带。

更黑、更厚的云意味着即将下雨

飓风

飓风是由大量的黑云、大雨和极强的风组成的旋涡。它们造成了地球上最具破坏性的天气。飓风发生在热带地区，而且总是形成于海洋上空。生成在大西洋和东太平洋的被称为飓风，生成在西太平洋的被称为台风，而生成在印度洋的被称为气旋。

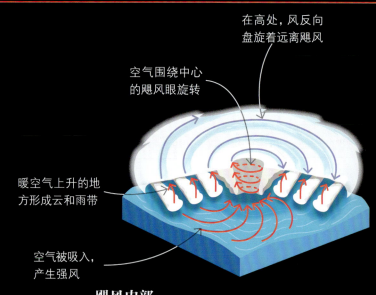

在高处，风反向盘旋着远离飓风

空气围绕中心的飓风眼旋转

暖空气上升的地方形成云和雨带

空气被吸入，产生强风

飓风内部

飓风主要是由海洋的热量推动的，海洋的热量会导致空气迅速上升并产生强风。空气被吸向海面上方的风暴中心，呈带状上升，并在顶部盘旋而出。

螺旋云带

飓风云墙

飓风眼

飓风眼

飓风眼内部相对平静，但它周围的云环——云墙——是风力最强的地方。当飓风眼经过某地时，这里将经历两次云墙的肆虐，中间为一段时间的晴朗天气。

飓风的破坏

飓风主要通过 3 种方式造成灾难性的破坏：强风、海上的风暴潮和暴雨。

强风

5 级飓风可以产生风速超过 252 千米／时的阵风。它可以夷平建筑物、树木和电线。

风暴潮

飓风中心的低气压会使其下方的海平面上升，从而引发巨浪和洪水。

暴雨

飓风会产生大量的雨水。如果风暴向内陆移动，风力会减弱，但大雨仍然会导致严重的洪水。

▼ 弗洛伦斯飓风

这张照片于 2018 年拍摄于国际空间站，显示了弗洛伦斯飓风在大西洋上空的肆虐景象。大西洋飓风季节从 6 月初开始，到 11 月结束，平均每年形成 6 个飓风。一年中的大西洋飓风的名称从字母 A 到 Z 排列，并以男名和女名交替出现，而字母 Q、U、X、Y 和 Z 被排除在外，因为很少有人名是以这些字母开头的。

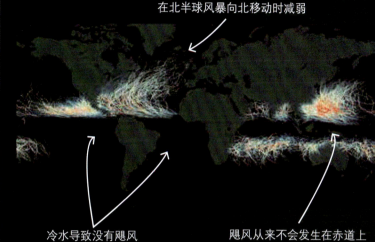

在北半球风暴向北移动时减弱

冷水导致没有飓风

飓风从来不会发生在赤道上

飓风在哪里发生

这张地图显示了从 1848 年到 2013 年的所有飓风轨迹。风暴发生最多的地区是西太平洋。东南太平洋没有飓风，南大西洋只有一个，因为那里的海水通常太冷了。每一个飓风的轨迹都以一条线的形式显示出来，颜色表示其强度。

飓风等级

飓风的强度是由萨菲尔－辛普森飓风等级来评定的，主要根据风速划分。5 级飓风很少见，1935 年至 2018 年期间只有 4 次登陆美国。

1 **119~153 千米／时**
脆弱的树木倒下，屋顶瓦片被吹掉

2 **154~177 千米／时**
房屋受损，树木被折断

3 **178~208 千米／时**
树木被连根拔起，房屋受损严重

4 **209~251 千米／时**
屋顶被吹翻，断水断电

5 **>252 千米／时**
灾难性破坏，该地区已无法居住

龙卷风

龙卷风是由云和风组成的漏斗状旋风，它可以将一辆汽车抛向空中并在几秒钟内摧毁一座建筑物。一般来说，龙卷风刮过地面的时间只有几分钟，但它可能会留下一片废墟。

龙卷风是如何形成的

龙卷风是罕见的，因为它们只在某些特定的条件下形成。它们是由被称为超级单体的强大风暴云发展而来的。

① 云的形成

要形成龙卷风，地面附近的空气必须是湿热的，而地面上方的空气较冷。热空气上升，形成几千米高的高耸雷云。

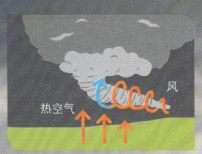

② 开始旋转

进入云层的空气开始旋转。起初，旋转的空气水平移动。

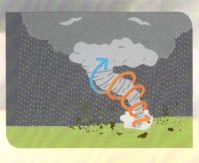

③ 到达地面

旋转的空气集成一个紧密的漏斗云下伸，呈直立状。当这个漏斗碰到地面时，龙卷风就形成了。

▼狂暴的漏斗云

龙卷风就像水通过放水孔时发生盘旋一样，冲上来的空气形成了一个猛烈旋转的旋涡。新形成的龙卷风由微小的水滴组成，且通常是白色或灰色的，但其底部会随着卷上泥土和其他碎屑而发生颜色的变化。

雷云的底部

龙卷风等级

　　根据龙卷风造成的破坏程度，龙卷风被增强藤田强度指标（EF）划分成0级～5级。

EF0：破坏轻微
烟囱受损，树枝被折断。

EF1：破坏中等
屋顶上的瓦片被吹走，汽车被吹下马路。

EF2：破坏较严重
房顶脱离房屋，树木被折断或连根拔起。

EF3：破坏严重
对建筑物造成严重破坏，汽车被吹离地面。

EF4：破坏性灾害
卡车被吹离地面，房屋被夷为平地。

EF5：毁灭性灾难
对大型建筑造成严重破坏，汽车被吹飞到空中。

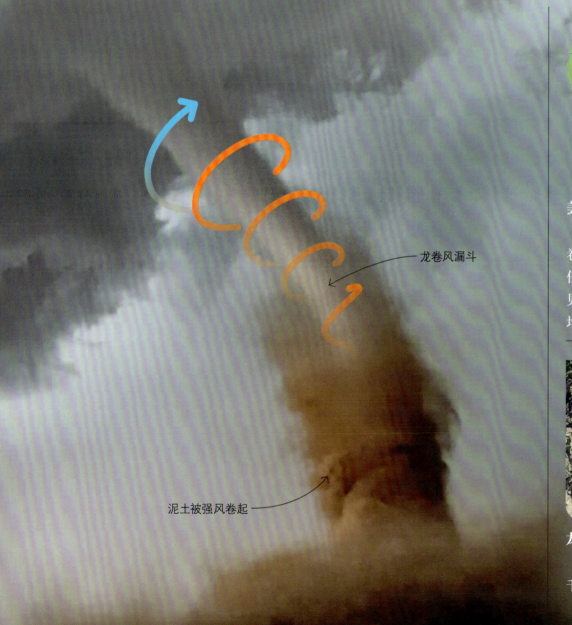

龙卷风漏斗

泥土被强风卷起

堪萨斯州
俄克拉何马州
得克萨斯州

美国的龙卷风走廊

　　龙卷风是罕见事件，但有些地方经历的龙卷风比其他地方多得多。美国的龙卷风比其他任何国家都多。龙卷风在美国中部各州最为常见，其中得克萨斯州遭遇龙卷风数量最多，平均每年136次。

龙卷风轨迹

　　上图中的淡色线条展示了一条最宽约2.5千米的狭长的龙卷风轨迹。

云

　　云可能会带来恶劣的天气，但是若没有云，地球上就没有淡水，生命也就不会存在。除了浇灌土地，云还有助于调节气候。它们会将阳光反射回太空来给地球降温，但在晚上，它们可以像毯子一样将热量保留在地面附近，让我们感到温暖。

降水

云释放水（以雨、雪或冰雹的形式）

▶ 水循环

　　云在地球的水循环中起着至关重要的作用，水循环是指水在地表、地表上空和地下的运动。从海面蒸发的水上升并冷却，直到形成云。云会产生雨或雪，为湖泊、河流和植被等提供补给。

雨云是如何形成的

　　当温暖潮湿的空气上升时，就会形成雨云。上升的空气冷却，使水蒸气凝结成水滴。大量空气被抬升形成雨云的方式主要有3种。

有些水渗入地下，慢慢地流回大海

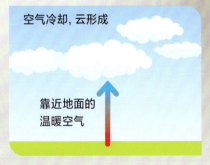

1 对流云

当地球表面变暖时，它会加热其上方的空气并使其上升。这个过程叫作对流。对流云在夏季和热带地区很常见。它们会产生短暂的阵雨或雷暴。

2 地形云

当风吹过一座小山或高山时，空气上升并冷却，从而形成云。大部分来自云层的雨水落在山的迎风面，而背风面则处于干燥的"雨影"中。

3 锋面云

当两个大气团碰撞时，较热的气团上升到较冷、密度较大的气团上方，形成一大片云。大气团之间的边界被称为锋面，锋面云产生的雨可以是持续不断的毛毛雨。

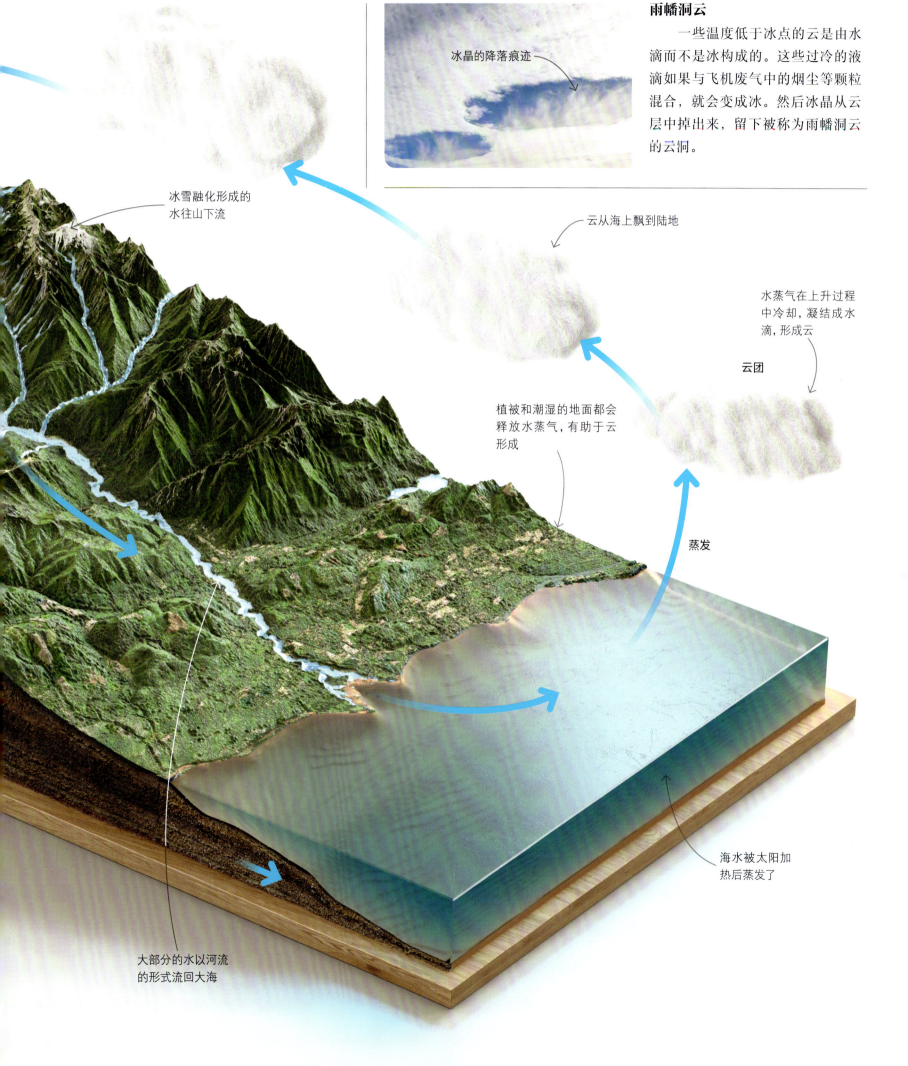

雨幡洞云

一些温度低于冰点的云是由水滴而不是冰构成的。这些过冷的液滴如果与飞机废气中的烟尘等颗粒混合，就会变成冰。然后冰晶从云层中掉出来，留下被称为雨幡洞云的云洞。

冰晶的降落痕迹

冰雪融化形成的水往山下流

云从海上飘到陆地

水蒸气在上升过程中冷却，凝结成水滴，形成云

云团

植被和潮湿的地面都会释放水蒸气，有助于云形成

蒸发

海水被太阳加热后蒸发了

大部分的水以河流的形式流回大海

云的类型

　　云可以是白色而蓬松的、薄而纤细的或暗而厚重的，它们是正在发生的大气现象的指示器。其形状取决于高度和含水量。以下 10 个云属根据其底部在大气中的高度分为 3 族：低云、中云和高云。

卷云

　　卷云属高云族。卷云是由冰晶组成的高而细的云。它们出现在晴朗的天气，但也往往在暖锋前形成，这意味着阴雨天可能即将来临。

积雨云

　　积雨云属低云族。这些高耸的云可以从低层一直发展到高层，达到 20 千米高。它们出现时会伴随暴雨、冰雹和雷电。一团积雨云储存的能量相当于 10 颗原子弹。

暖湿空气的上升气流将云层带到高空

高积云

　　高积云属中云族，会形成各种形状，比如小塔形和飞碟形。它们主要由过冷水滴而非冰晶组成，这使得它们呈现出灰色。

卷积云

　　卷积云属高云族。这些布满天空的云块有时像鱼鳞，因此这样的天空被称为鱼鳞天。它们含有冰晶和过冷水滴，通常与好天气联系在一起。

卷层云

　　卷层云属高云族。卷层云覆盖了大部分的天空，像透明的面纱一样悬挂在高高的天空中。它们有时会在太阳或月亮周围形成圆形的晕，偶尔会在太阳的两侧出现被称为幻日的亮点。卷层云的出现通常预示着第二天有雨。

太阳

幻日

高层云

　　高层云属中云族。当天空看起来灰蒙蒙而平坦的时候，很可能是被高层云覆盖了。透过这些云层，我们可以模糊地看到太阳的轮廓，但太阳不会投下阴影。这些云预示着坏天气即将来临。

雨层云

　　雨层云属于低云族。云顶高度一般可达6 000~7 000米，发生在高层云遇到暖气团而变暗变厚的时候。它们变暗是因为含有大量的水滴，这些水滴最终会以雨的形式落下，降雨通常持续几个小时。

层积云

　　层积云属低云族。层积云是最常见的云的类型之一。它们呈灰色或白色的块状，底部平坦，彼此之间留有空间。通常与降雨有关，但雨一般不大。

层云

　　层云属低云族。这些扁平的云像毯子一样覆盖着天空，可能是灰色而云底均匀的，也可能是参差不齐而破碎的。它们是位置最低的云，有时与地面接触形成雾。

积云

　　积云属低云族。积云是花椰菜形状的云，有蓬松的白色顶部，通常可以在晴天看到。当暖空气从地面上升并冷却时，水蒸气凝结成水滴，就形成了积云。积云偶尔会产生小阵雨。

超级单体

　　大多数龙卷风都是由超级单体形成的，超级单体是最强大的雷暴。当强大的上升气流在超级单体云内部旋转时，其底部会呈圆形。这些上升气流的速度可以达到 140 千米 / 时，足以让葡萄柚大小的冰雹悬浮在空中。当上升的空气冷却时，其水分凝结并释放出热量，从而增加了风暴的能量。

雨

　　雨可能有点儿讨厌，但对地球上的生命至关重要，它会为植物和动物提供淡水。当水蒸气上升并冷却到足以凝结成微小的水滴时，雨滴就形成了。如果这些雨滴的直径达到约 0.5 毫米，它们就会开始下落。

下雨的季节

　　在世界上的许多地方，几乎所有的雨都集中在一个季节。在雨季时，雨水倾泻在非洲的稀树草原上。但在接下来的旱季里，植物枯萎变色，河流和湖泊干涸，干燥的土地开裂。大群的斑马和角马会迁徙，去寻找水和食物。然而，当雨季再次来临时，植物和树木复苏，种子发芽，动物也会再次回来。

雨季

旱季

❶ 新形成的雨滴

微小的、新形成的雨滴被一种叫作表面张力的力塑造成一个球体，这种力作用于雨滴的表面。

❷ 直径增加

当雨滴的直径达到 0.5 毫米左右时，它们就开始下落。它们下落时受到的空气阻力使它们不能再保持球形。

❸ 小长面包形状

雨滴加速，以每小时 20 千米的速度落下。当空气进入时，它会形成一个小长面包形状。底部形成空腔，但由于表面张力，顶部仍是圆形。

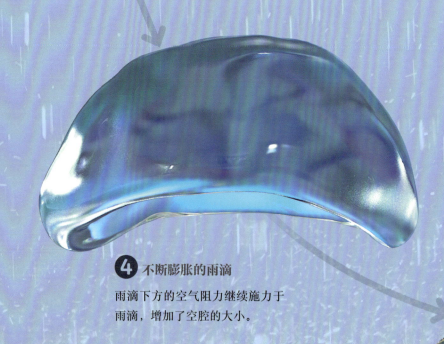

❹ 不断膨胀的雨滴

雨滴下方的空气阻力继续施力于雨滴，增加了空腔的大小。

雨的测量

　　人们用雨量计测量降雨量，通常以毫米为单位。最简单的雨量计是一个顶部有漏斗或更宽开口的量筒。雨量计能测量一段时间内单位面积上的降雨量。

暴雨

　　有时，风暴云会在几分钟内倾泻出大量雨水，形成暴雨。暴雨很容易引发洪水。当雷云经过山脉时，经常会出现暴雨。在季风季节，这种现象在喜马拉雅山脉特别常见。

干雷暴

　　有时雨从云中落下，但还没有到达地面，就碰到温暖或干燥的空气蒸发了。这些干雷暴可以在远处观察到，就像从云层底部降落的条纹一样。

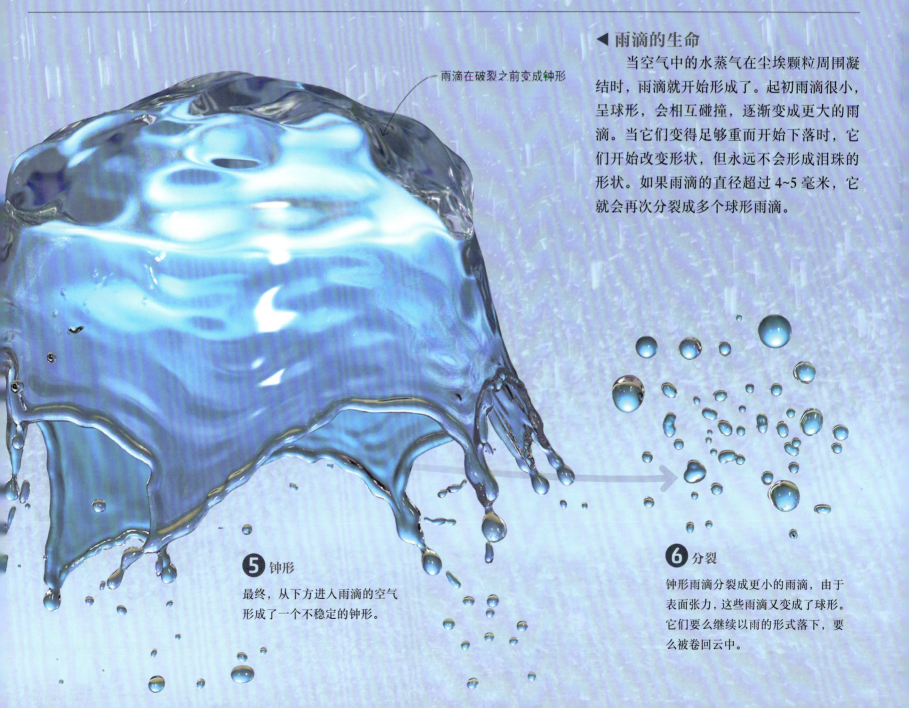

雨滴在破裂之前变成钟形

◀ 雨滴的生命

　　当空气中的水蒸气在尘埃颗粒周围凝结时，雨滴就开始形成了。起初雨滴很小，呈球形，会相互碰撞，逐渐变成更大的雨滴。当它们变得足够重而开始下落时，它们开始改变形状，但永远不会形成泪珠的形状。如果雨滴的直径超过 4~5 毫米，它就会再次分裂成多个球形雨滴。

❺ 钟形

最终，从下方进入雨滴的空气形成了一个不稳定的钟形。

❻ 分裂

钟形雨滴分裂成更小的雨滴，由于表面张力，这些雨滴又变成了球形。它们要么继续以雨的形式落下，要么被卷回云中。

▶ **分离的色彩**

在我们的眼中，阳光是白色的，但实际上它是彩虹中所有颜色的混合物：红色、橙色、黄色、绿色、蓝色、靛蓝色和紫色。当阳光穿过雨滴时，这些颜色会发生不同程度的折射，然后分离并形成彩虹。

彩虹

我们不知道彩虹从哪里出现，又从哪里迅速地消失。彩虹是所有天气现象中颜色最丰富的，彩虹多出现在雨后初晴时。但只有当你在合适的时间站在合适的地点时，你才能看到它。

① 光线进入雨滴

当阳光进入雨滴时，它会发生折射。构成白光的不同颜色以不同的幅度发生折射。紫色最容易折射，红色最不容易折射，其他颜色介于两者之间。

③ 光线离开雨滴

当光线离开雨滴时，会发生二次折射。这使得颜色更加分散。

阳光

42°

42°   42°

颜色散开并分离

折射

彩虹的拱形是如何形成的

要想看到彩虹，太阳必须在你背后。太阳也必须在天空中相当低的位置上。这是因为只有当照射到雨滴的光线和反射到你身上的光线之间的角度大约在 42° 时，你才能看到明亮的颜色。雨滴在合适的地方以这个角度反射光线，形成一个圆弧。圆弧的底部被地面挡住，所以我们通常看到的是拱形。

反射角度

雨滴在各个方向散射和反射光线，但最明显的是在阳光以 40°~42° 的角度反射回来的地方。紫色位于 40°，红色位于 42°。

42°

❷ 反射

当光线照射到雨滴的背面时，一些光线被反射回我们的眼睛。所有不同的颜色都被反射出来。

反射

雨滴就像微小的透镜，将光分解成不同的颜色

两道彩虹

仔细观察，你可能会在主彩虹上方发现第二道较弱的彩虹。这是因为一些光线在雨滴内部被反射了两次，并以 50°~53° 的角度反射回观察者。第二次反射时颠倒了颜色的顺序。

完整的圆圈

大多数彩虹都被地平线截断了，但如果你从很高的地方——比如从飞机里——看彩虹，你可能会幸运地看到一个完整的圆圈。

雾和露水

如果你认为云只是鸟类和飞机可以近距离遇到的东西，那么你可能会惊讶地发现你还可以在地面上穿行其中。雾就像是在地面上形成的云。

因为雾中含有大量的水滴，所以视线很难穿透它，并且会感觉很潮湿

迪拜频繁出现的冬雾是由流入内陆的潮湿的海洋空气造成的，内陆的地面很冷

▲ 笼罩在雾中

一个冬天的早晨，阿拉伯联合酋长国的迪拜城笼罩在浓雾之中。和高空的云一样，地面的雾也是由悬浮在空气中的微小的液滴组成的。如果你只能看到前方不到1千米的地方，这时就叫雾。随着天气变暖，雾变得能见度更好，而且水滴又会变成水蒸气。

雾是如何形成的

雾有很多不同的形成方式，但都与空气冷却和水蒸气凝结成水滴有关。

从地面辐射出来的热量

湿气凝结成雾

辐射雾

在寒冷而晴朗的夜晚，土地会把白天吸收的热量辐射出去。当地面失去热量并冷却下来时，其上方的空气也发生了冷却。空气中的水蒸气冷却并凝结，产生辐射雾。

露水

当物体在夜间冷却，它们可能会使周围的空气冷却到足以让水蒸气凝结成微小的露珠的程度。当你在大热天从冰箱里拿出冷饮时，饮料瓶上会出现冷凝水。露水与冷凝水的形成原因一样。

维持生命的雾

生长在美国加利福尼亚州的红杉，依靠从海上滚滚而来的雾生存。这些树通常超过 90 米高，它们需要大量的水。在干燥的夏天，它们的叶子会捕捉雾气并吸收。

佛光

佛光是出现在雾中的"幻象"。"幻象"其实只是站在山上看雾的人的影子，其背后有太阳。幻象周围也可能形成彩虹光环。

温暖潮湿的空气在寒冷的表面移动时会冷却　　雾形成

寒冷而致密的空气沉入山谷

冷空气遇到温暖而潮湿的空气

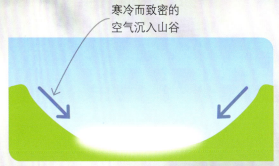

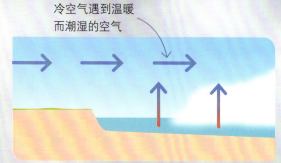

平流雾

当温暖而潮湿的空气穿过寒冷的陆地或水域时，空气冷却并形成雾。这种类型的雾被称为平流雾，在海上和沿海地区很常见。当暖锋经过积雪覆盖的土地时也会发生这种情况。

谷雾

当冷空气下沉到山谷底部并被困住时，就会产生这种类型的雾。不像其他形式的雾会很快消失，谷雾可能维持几天才消散。

蒸发雾

从湖泊、池塘或潮湿的土地等上面蒸发的温暖水，使空气变暖并上升。当温暖而潮湿的空气与从顶部经过的冷空气混合时，就会冷却形成雾。

冰雹

冰雹是在高耸的雷云中形成的冰粒。通常，雷云中的水以雨的形式落下，但在一定的大气条件下，它会变成冰，从而形成冰雹。

当小而湿的冰雹与大冰雹发生碰撞并附着在上面时，冰的外层最终可能会呈现出凹凸不平的形状

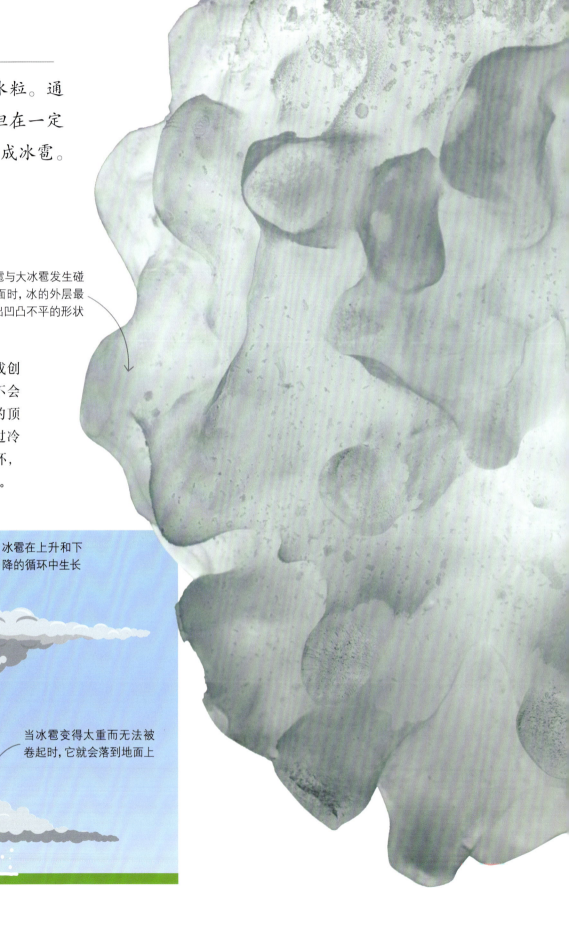

雷云内部

当雷云中的水变得过冷时，就为冰雹的形成创造了条件。这时水的温度会降到冰点以下，但不会变成冰。过冷的水滴被强大的上升气流卷到云的顶部并冻结。当它们穿过云层回落时，被更多的过冷水覆盖，会立即冻结。经过几次上升和下降的循环，冰球变得太重而无法在空中悬浮，因此降落下来。

水滴在云层高处结冰

冰雹在上升和下降的循环中生长

过冷水被吹向上方

当冰雹变得太重而无法被卷起时，它就会落到地面上

雷云

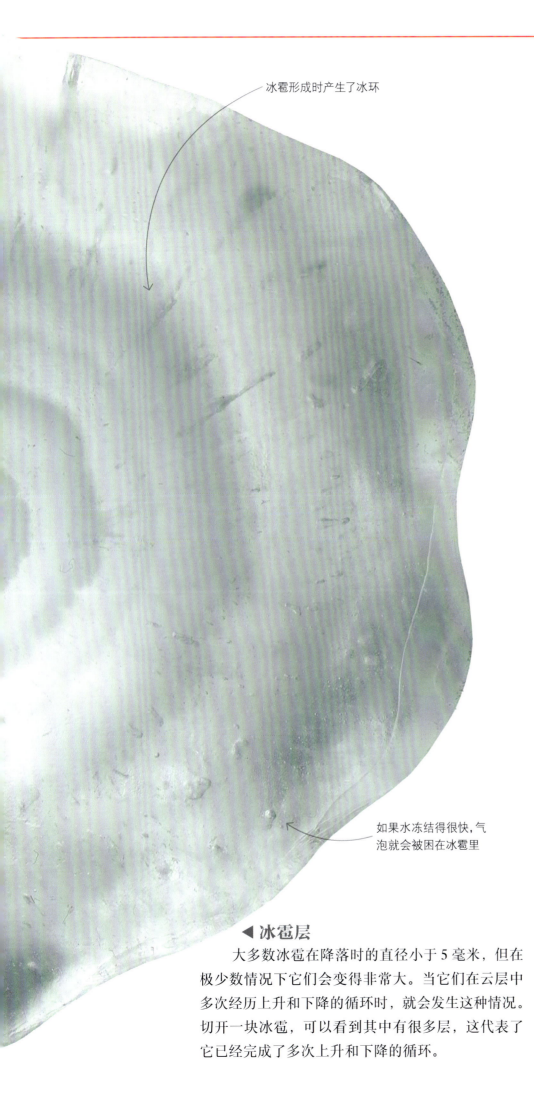

冰雹形成时产生了冰环

如果水冻结得很快, 气泡就会被困在冰雹里

◀ 冰雹层

大多数冰雹在降落时的直径小于 5 毫米, 但在极少数情况下它们会变得非常大。当它们在云层中多次经历上升和下降的循环时, 就会发生这种情况。切开一块冰雹, 可以看到其中有很多层, 这代表了它已经完成了多次上升和下降的循环。

1980—2010年美国冰雹的发生频率

（冰雹的报道次数 / 月份）

冰雹季

与雪不同, 冰雹最常见于春末夏初。因为此时, 雷暴很常见, 但气温还没有高到足以融化冰雹。在热带国家, 冰雹可能在一年中的任何时候发生, 但往往发生在气温较冷的山区。

巨型冰雹

直径大于 10 厘米的冰雹被称为巨型冰雹。有记录以来最大的一次冰雹发生在美国的北达科他州。冰雹的直径有 20 厘米, 重 0.88 千克。

雹灾

大冰雹能以每小时 160 千米的速度落在地面上, 在汽车和房屋上砸出洞, 压扁庄稼并伤害户外的人和动物。某些冰雹会造成数十亿英镑的财产损失。

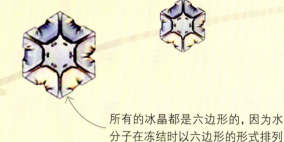

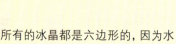

❶ 新雪花的形成

雪花最初只是云中一粒小小的尘埃。来自冰冻空气的水蒸气在尘埃上凝固，并开始形成晶体。

所有的冰晶都是六边形的，因为水分子在冻结时以六边形的形式排列

❷ 体积变大

冰晶的体积越来越大，雪花越长越大。它在云的内部旋转翻滚，因此保持了对称的形状。

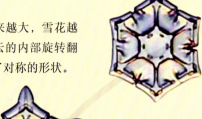

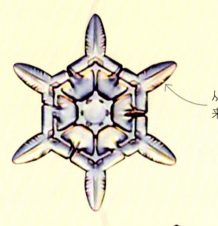

从顶角处长出来的分支

雪花

通过显微镜，我们能看到雪花惊人的结构。雪花只是冰晶，但没有两片雪花的形状是完全相同的。这是因为随着温度和湿度的变化，冰晶会生长成不同的形状，而在云层中翻滚时，没有两片雪花会经历完全相同的环境。当雪最终降落时，通常很多片雪花沾在一起，而且往往已经融化了一半。然而，个别的雪花宽达5厘米，偶尔会完好无损地飘落到地面上。

❸ 变化的晶体

晶体继续在雪花的边缘生长。随着云中温度和湿度的变化，晶体会呈现出新的形状，比如枝状、板状或针状。所有这些形状都基于一个潜在的对称六边形冰晶。

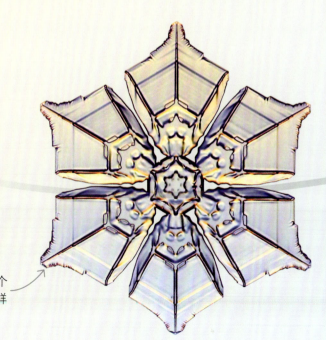

雪花的每一个分支长得都一样

虽然雪是白色的，但单个的雪花是无色的

星形雪花

　　乍一看，大多数雪花看起来像六边形的星星。仔细观察会发现其更复杂的形状，包括树枝状、板状，以及两者的复杂混合形。

❹ 雪花飘落

一阵阵的风吹着雪花在云里上下翻飞。它在云中停留的时间越长，形状就越复杂。最后，风变得和缓了，雪花随即开始飘落。

中谷雪晶形态表

　　根据云层的情况，冰晶可以生长成针状、棱柱状、板状、星形或其他形状。日本科学家中谷宇吉郎研究了这些晶体是如何形成的，并将其发现总结在名为"中谷雪晶形态表"的图表中。

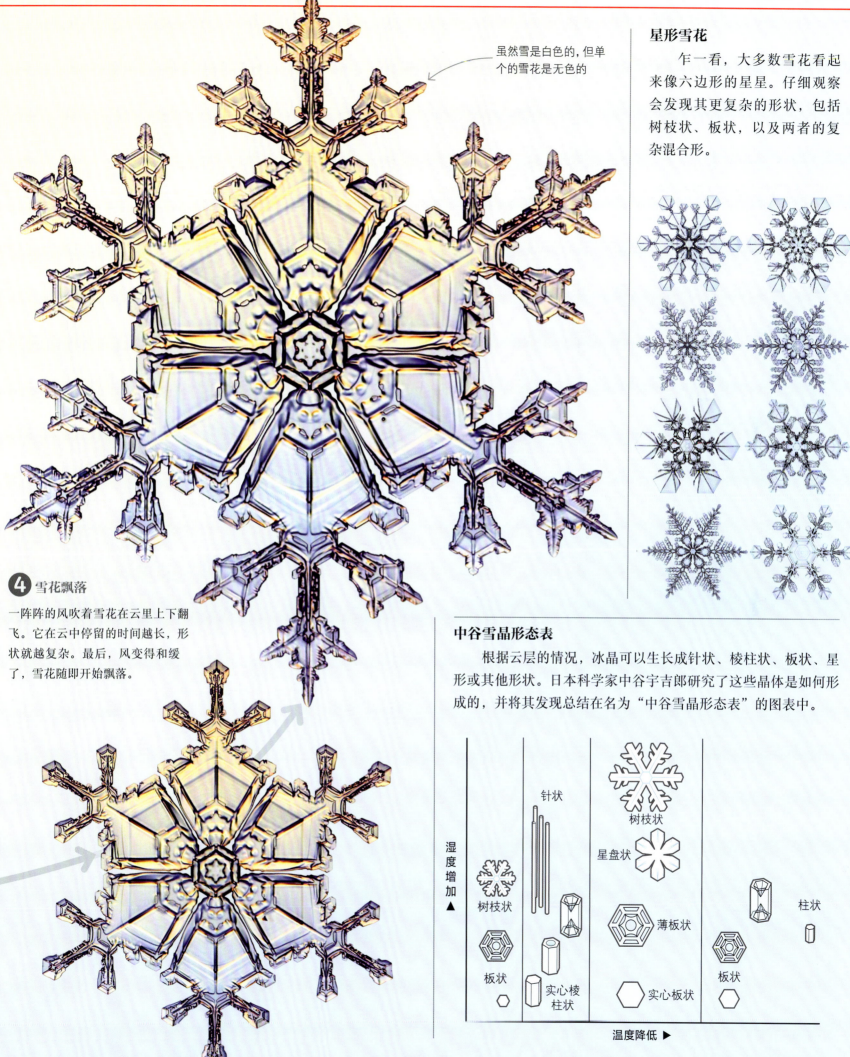

湿度增加 ▲

针状

树枝状

星盘状

薄板状

柱状

树枝状

板状

实心棱柱状

实心板状

板状

温度降低 ▶

霜的种类

霜可以有很多不同的形式，从针状和羽毛状到光滑的玻璃冰层不等。

白霜

白霜具有羽毛状等外观，是由空气中的水蒸气形成的。

窗霜

有时，当窗户外面的温度低于冰点，而窗户里面的空气潮湿而温暖时，窗户上就会结霜。它们形成于有划痕或污垢斑点的地方。它们会长成树枝状，看上去像蕨类植物的叶子。

雨凇

雨凇是一种透明的冰的覆盖层，由冻雨碰到地表形成。它被称为道路上的黑冰，因为它让道路看起来是湿的而不是结冰的，对开车的人来说非常危险。

航空危害

对飞机来说，雾凇尤其危险。它增加了飞机，尤其是机翼的重量，而且增加了阻力——空气摩擦飞机表面并使其减速的作用力。如果副翼（机翼的可移动部分）结冰，飞机就很难被操控。

霜

霜是一层覆盖在地面或物体表面的冰晶。它出现在地面温度低于冰点的晴朗而寒冷的夜晚。当空气中的水蒸气接触到冰冷的表面会直接变成冰晶，却不会先凝结成水时，大多数霜就形成了。当露珠冻结或当雾碰到冰冷的表面时，就可能形成其他种类的霜。

▶ **雾凇**

在多风的山丘和高山上，有时会在岩石和树木的迎风面出现一种叫作雾凇的霜。当非常冷的雾滴碰到冰冷的表面并立即冻结时，就形成了雾凇。

风向

成霜洼地

冷空气比暖空气更重，这意味着它会向下流动，聚集在山谷或洼地。因此产生了成霜洼地——低洼的地方被霜覆盖，而较高的地方却没有霜。

迎风面的岩石上积聚了大量的雾凇

雾凇通常呈现白色和粒状

随着雾凇的积聚会形成羽毛状的外形

霜针

霜是由晶体组成的，晶体的形状随温度和湿度的变化而变化。在大约 –5 ℃时，它们会长成长长的针状。

水蒸气接触寒冷的表面时直接变成冰

针状冰晶

不寻常的闪电

有些形式的闪电很少被看到，因为它们发生在非常高的海拔，或者非常微弱、短暂或罕见。

蛛网闪电

这些长而水平的、像蛛网一样的闪电在云的底部从一片云到另一片云时，可以覆盖很远的距离。

球状闪电

在这种罕见的闪电中，光球在地面上盘旋大约半分钟，然后安静地消失或猛烈地爆炸。

精灵闪电

"红色精灵"是活跃的雷云上方的微弱放电现象。它们非常微弱且短暂，可能位于距离云层顶部 100 千米远的地方。

火山闪电

火山喷发出的火山灰粒子相互碰撞并产生静电，从而产生小型闪电。

闪电

闪电是自然界中最壮观的景象之一。这些突发的、令人敬畏的闪光划过天空，又在几分之一秒内消失。闪电实际上是大气中巨大的电火花，通常由雷暴产生。

▶ 雷击

雷云中积聚了大量的静电。最终，这些电以闪电的形式在云层内部或云层与地面之间被释放。当闪电在空气中涌动时，它可以将周围的空气加热到超过 30 000 摄氏度，导致粒子发光，并产生瞬间的强光。热空气迅速膨胀，发出轰隆隆的冲击波，这就是我们听到的雷声。闪电通常击中高处，比如高楼大厦，或者图中的树木。

从云到地再到云

　　雷暴云内部的强风将水和冰的颗粒粉碎在一起，云团就充满了静电。正电荷积聚在云的顶部，负电荷积聚在云的底部。带负电荷的底部使地面产生正电荷，造成云与地面之间的双向放电。

1 **梯级先导**

　　正电荷积聚在树顶、高层建筑或山峰等较高的地点。相反的电荷相互吸引，沿着分叉而曲折的路径把电流从云中拉下来。这被称为梯级先导，肉眼不可见。

2 **上升先导**

　　梯级先导下降时，它开始从地面向上吸引正电荷。从地面上升的正电荷称为上升先导。当梯级先导和上升先导相遇时，它们在空气中形成一条导电通道，这条通道是由分裂成正离子和负离子的空气分子组成的。

3 **回击**

　　回击是一种放电现象，电流以每秒 10 万千米的速度从地面进入云层。这种向上的移动产生了肉眼可见的闪光。一道闪电的平均电压可以达到家用电压的数百万倍。

闪电电涌

　　一场普通的雷暴释放的能量比一颗核弹还要多，其中大部分是以闪电的形式释放的。一道闪电的速度可以是 430 000 千米 / 时，并将空气加热到 30 000 摄氏度，这是太阳表面温度的 5 倍。巨大的能量将原子撕裂成带电粒子，并使空气爆炸膨胀，产生我们所听到的雷声。

沙尘暴

在世界上的某些地方，会出现致命的沙尘暴，它们会给所到之处覆盖上一层灰尘或沙子。大多数沙尘暴发生在干燥、平坦、植物稀少的地区。灰尘可以被吹到很远的地方，甚至可以吹到世界的另一边。

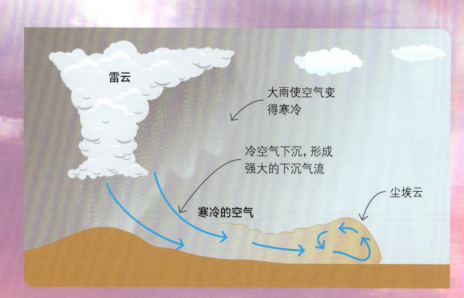

哈布尘暴是如何形成的

哈布尘暴是由雷暴引起的。当一片高耸的雷云突然倾倒雨水时，落下的雨水使周围的空气变冷，使其稠密而沉重。沉重的冷空气下沉，形成了向下和向外流动的强风。风将沙子、灰尘和其他碎屑卷起，形成尘埃云，并比雷暴先行移动。这种沙尘暴可以持续30分钟，其覆盖范围可达数千米。

▼ **消失在沙尘中**

一场沙尘暴和雷云逼近美国亚利桑那州的尤马。亚利桑那州和非洲的荒漠经常受到一种被称为哈布尘暴的沙尘暴的袭击。它们可以毫无预警地发生，并以高达100千米/时的速度移动。沙尘暴大大降低了能见度，让驾驶汽车变得危险。

横跨海洋

风经常把撒哈拉沙漠的尘埃云吹到大西洋上，吞没加那利群岛，并把天空染成橙色。这些沙尘甚至可以飘至美洲。

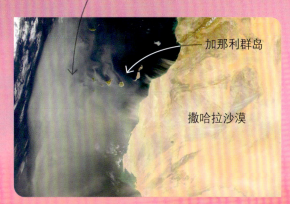

吹过大西洋的尘埃云

加那利群岛

撒哈拉沙漠

尘暴区

20世纪30年代，美国的大片农田遭受了持续的干旱，导致庄稼歉收。随之而来的是大规模的沙尘暴，吹走了表层土壤，让这片土地——后来被称为尘暴区——不再适合耕种。

危害健康

沙尘暴可能会通过让人吸入生活在土壤中的真菌孢子和细菌来传播疾病。美国西南部的山谷热就是由一种感染肺部的真菌（下图）引起的。它会导致呼吸问题和极度疲劳。

尘埃云可能高达1500米

1910年法国的冰海冰川

气候变化

地球的气候在历史上发生过多次变化。有的时期，整个地球都被冰覆盖着；有的时期，天气比现在热得多。曾经这些变化大多归因于自然因素并以相当缓慢的速度发生。然而现今，气候受到人类活动影响的程度正在增加，并以快得多的速度变化。

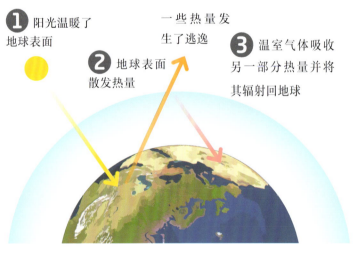

❶ 阳光温暖了地球表面

❷ 地球表面散发热量

一些热量发生了逃逸

❸ 温室气体吸收另一部分热量并将其辐射回地球

温室效应

当今气候变化的主要原因是大气中温室气体的增加，特别是燃烧化石燃料所产生的二氧化碳的增加。温室气体吸收地球表面向大气辐射的热量，使得大气温度升高。如果没有温室效应，地球就会太冷而不适合生命生存，但温室气体的增加正在使这种效应变得过于强烈。

2012年法国的冰海冰川

▲ 冰川消融

地球正在变暖的一个迹象是冰川的减少。例如，在 1939 年至 2001 年间，一条位于法国阿尔卑斯山脉的长 7.5 千米的山谷冰川，高度平均每年下降 30 厘米。这相当于损失了 28 万个装满水的奥运会规模的游泳池。

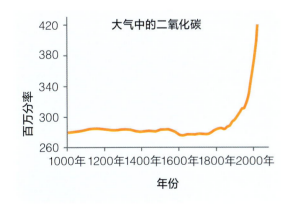

大气中的二氧化碳

（纵轴：百万分率　420　380　340　300　260）

（横轴：1000年 1200年 1400年 1600年 1800年 2000年）

年份

不断增多的二氧化碳

大约在 200 年前，由于人们开始越来越依赖化石燃料作为能源，大气中的二氧化碳开始急剧增多。砍伐森林和开垦农田也增加了二氧化碳。当树木被砍伐后，储存在树木中的碳以二氧化碳的形式释放了出来。

研究过去的气候

科学家们从极地冰川中采集深层冰的样本，来研究数千年前被困在里面的气泡。这些研究揭示了二氧化碳和气候是如何随时间而变化的。

甲烷增加

甲烷是另一种温室气体，和二氧化碳一样，它在大气中的浓度也在增加。冻原的永久冻土层（上图）的融化所释放的甲烷，以及农业和畜牧业产生的甲烷，是其水平增加的两个主要原因。

地球生命和其生存环境构成了**生物圈**。地球是已知唯一存在生命的星球。至少在 38 亿年前，即海洋形成之后不久，就出现了最早的生物。最初，它们非常**微小**，但最终**进化**成了种类繁多的动物、植物和**其他生物**。随着生物遍布全球，陆地、海洋、大气和气候也因此而改变。

生物圈

生命的起源

蓝细菌在海岸附近生长，那里的海水较浅，阳光充足，气候温暖

地球上最古老的生命证据来自一类叫作蓝细菌的单细胞微生物的化石，这类生物生活在38亿年前的海洋中。蓝细菌至今仍然繁盛，并具有所有生命的标志性特征：自我复制的能力。但是，它们并不是地球上最早出现的生物，而是从没有留下任何化石记录的简单生命体祖先进化而来的。科学家们针对最早的生命形式是如何形成的这个问题仍然在争论不休。

深海

有一种理论认为，生命起源于黑暗的海底热泉附近。这些从火山喷口中喷出的滚烫的水中充满了富含能量的营养物质，这些营养物质可能让最初的生命形式得以维持，因此太阳光相对来说不必要。

▶ **地球早期**

当第一批生物出现时，早期的地球就像一个外星球。大气中没有氧气，大陆是一片光秃秃的岩石，布满了陨石坑。然而，地球的大部分地区都被水覆盖，水是生命的必需品。生命可能起源于水中，也许一个随机的化学反应产生了一个可以自我复制的分子。

生命火花

如果生命起源于浅水而不是深水，那么第一个重要的化学反应可能是由闪电的电能引发的。

地球和月球在形成初期遭到小行星和彗星的轰炸，在表面留下了很多陨石坑。地球表面早期的陨石坑已经消失殆尽，但月球上的古老陨石坑仍然存在

米勒–尤里实验

1953 年，两位科学家斯坦利·米勒（下图）和哈罗德·尤里进行了一项实验，研究是否能从他们认为存在于地球早期的大气中创造出生命的化学组成部分。他们将水、甲烷、氨气和氢气混合在一个玻璃烧瓶中，并在里面释放电火花。一周后，他们发现了氨基酸，这是构成现今所有生物的基本单位。氨基酸不能自我复制，但后来类似的实验又产生了核糖核酸（RNA），这是一种类似脱氧核糖核酸（DNA）的分子。

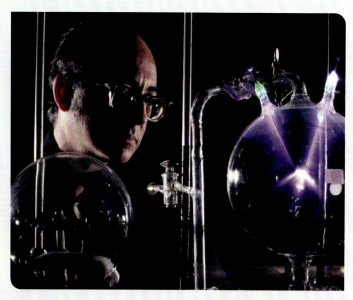

RNA 世界

有些科学家认为生命的最初形式是 RNA 分子，它可以自我复制。和 DNA 一样，RNA 也能以一种编码的形式储存遗传信息。然而，与 DNA 不同的是，RNA 有能力控制化学反应，而不需要蛋白质和其他复杂分子的帮助。然而，第一个能自我复制的分子可能存在一些完全不同的且现在已经消失的特征。

RNA类似于DNA，但RNA是单链结构

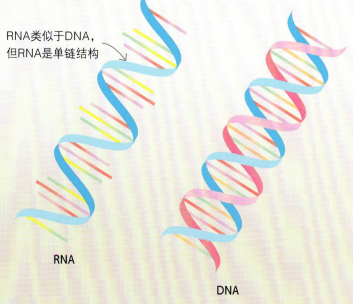

RNA

DNA

天外来客

少数科学家认为生命可能是彗星在地球上播种的。在漫长的太空之旅和与地球的第二次撞击之前，外星微生物必须在被撞离母星后幸存下来——这似乎不太可能。但是导致生命起源的有机分子可能成功地完成了这个过程。

生命改变大气圈

在地球早期，没有动物能生存下来，因为那时没有氧气可供呼吸。我们人类的存在要归功于无数的微生物，它们在漫长的时间里制造了充足的氧气，让动物的存在成为可能。这些生物——蓝细菌——是最早的生命形式之一，现在，它们仍然遍布世界各地。

▼ 太阳能

在生命史的早期，海洋蓝细菌发展出了利用太阳能来制造活体组织的能力。其中一些蓝细菌在生长过程中形成了被称为叠层石的沉积构造，下图是仍然生活在西澳大利亚沙克湾的温暖浅水区的蓝细菌形成的叠层石。

蓝细菌

叠层石表面覆盖着一层致密的微小蓝细菌。

蓝细菌

这里水异常咸，这对于那些本来会以细菌为食的动物来说是不利的

光合作用

绿色植物和蓝细菌吸收太阳能，并利用太阳能将水和二氧化碳转化为糖类和氧气。这个过程被称为光合作用。它们用转化的糖类来制造更加复杂的糖类物质，如纤维素，以及重要的蛋白质。它们将氧气释放到周围的水或空气中。

水生植物释放的新形成的纯氧气泡

大氧化事件

最初，蓝细菌产生的大部分氧气与铁结合，在海水中形成氧化铁，并沉入海底。当铁离子基本耗尽时，氧气开始在大气中积累，称为大氧化事件。现在，空气中的1/5是氧气。

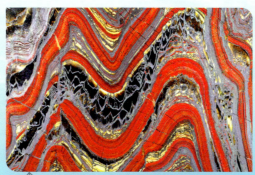

这块古老岩石上的红色条带是30多亿年前的海洋中的氧化铁形成的，那时地球的空气中还没有氧气

分层的生命

叠层石由一层一层的蓝细菌组成，每一层新形成的蓝细菌都生长在其下方已死亡的蓝细菌之上。人们在35亿年前的岩石中发现了具有相同分层结构的叠层石化石。

这个叠层石化石揭示了其分层结构

每一块叠层石都有几百年的历史，并以每年不到1毫米的速度生长着

❶ 死亡

三叶虫死亡后，其体内柔软的部分很快就会腐烂，或被微小的海洋生物啃食干净。然而，坚硬的外骨骼依然完好无损。

❷ 埋藏

沉积在海床上的软粉质颗粒物或泥质沉积物逐渐埋藏了三叶虫的遗体，保护它们免受进一步的破坏。

❸ 矿化

三叶虫埋得越来越深，溶解在水中的矿物质渗入它的残骸中，把它变成石质物。与此同时，柔软的沉积物也硬化成岩石。

遗迹化石

某些化石保存了动物的痕迹，而不是身体本身。这些化石被称为遗迹化石，最著名的例子是脚印，比如这些掠食性恐龙的脚印，揭示了它们如何行走、奔跑，甚至攻击猎物。

化石

地球是各种各样生命形式的家园，但其中大多数生命形式现在已经灭绝了。我们之所以知道它们的存在，是因为其遗骸以化石的形式保存在了岩石中。

煤中的叶片化石

化石燃料

当死去的植物或微小的藻类等腐烂时，其体内的碳就会转化为二氧化碳。但如果它们在腐烂之前被掩埋，碳化合物就会变成富含能量的化石燃料。植物变成了煤，藻类等变成了石油。

▼ 三叶虫化石

有些化石非常完美，几乎就是生物原本的样子。大多数化石都是有硬壳的海洋生物形成的，它们在发生腐烂或被吃掉之前就被泥土埋了。下面这个三叶虫化石已有大约 4 亿年的历史。而三叶虫大约在 2.5 亿年前就灭绝了。

④ 抬升

巨大范围的板块运动使地壳发生弯曲，海面以上的部分变成干燥的陆地。岩石开始受到更多的风化、侵蚀等作用的影响。

⑤ 出露

雨水和风等慢慢地磨损岩石，直到化石显露出来。一位眼尖的科学家发现了它，并小心翼翼地挖掘出了化石。

它身体的硬壳呈节状，看起来像蝎子

长长的刺可能是用来防御的

弯曲的角从它的眼睛上方伸出来

这只三叶虫的头上长有一个不寻常的叉状角，其长度和身体一样长

生物群系

　　每一种生物都有一类首选的栖息地，对于它们而言，这是地形和气候的最佳结合地。栖息地中的所有生物在一个叫作群落的生命网络中相互影响。反过来，群落相互连接形成独特的地理区域，称为生物群系。

▶ 世界上的生物群系

　　全世界生物群系的范围非常广泛，从贫瘠的荒漠到茂密的雨林，从低洼的湿地到高山，从被太阳暴晒的热带草原到冰冷的极地冻原。除了遍布世界各地的小块湿地外，大多数生物群系都覆盖着大片土地。

干旱灌丛

也被称为地中海灌丛，这个生物群系的典型特征是夏季炎热干燥，冬季凉爽多雨。此地区的植物种类繁多。

图例

- 温带草原
- 湿地
- 温带森林
- 山区和高地
- 干旱灌丛
- 热带干旱森林
- 热带雨林
- 冻原
- 北方针叶林
- 荒漠
- 热带草原

温带森林

这里冬季寒冷，夏季温和，雨水充足，生长着阔叶林。许多植物在秋天落叶，在春天长出新叶。

温带草原

在没有足够的雨水来支持茂密树木生长的地方，温带气候的部分地区自然发展成草原，如欧亚大陆草原和北美草原。

湿地

当水淹没土地时，就会形成沼泽、水浸洼地和滩涂等。在这些湿地上生长着适应水浸环境的植物。

北方针叶林

寒冷的地带，主要分布在亚欧大陆和北美洲北方。大多数树木都是针叶树，以适应漫长而多雪的冬季。

冻原

在极地地区，没有埋在冰下的土地冬天会结冰，而夏天，其表面会解冻。树木不能在此生存，但小型植物可以生长并维持动物的生命。

山区和高地

气温随海拔升高而降低，因此高地的气候凉爽。这里的地形通常崎岖不平，并对在此生活的生物产生影响。

热带草原

炎热、季节性干旱的地区发展成为有树木点缀的热带草原，如热带稀树草原。在旱季，这里经常被大火吞噬。

热带雨林

在赤道附近，全年的高温和定期的降雨产生了茂密的森林，里面有各种各样的动物。

荒漠

极端干旱的条件造就了荒漠。大部分荒漠气候都很炎热，但有些荒漠却很冷，尤其在晚上。荒漠里几乎没有植物生长，所以大部分地方都是光秃秃的岩石或沙子。

冻原

靠近南北两极，寒冷的环境让动植物的生存变得更加困难。树木消失了，只剩下灌木和草等低矮植被。这片土地被称为冻原。在这里，一年中的大部分时间都是黑暗的且被冰雪覆盖着。然后，在夏季短暂的几个月里，它突然变得五彩缤纷，成了动物们活动的场所。

▼ 冻原的夏天

在加拿大最北部，夏天的雪会融化，但土壤只有顶层 30 厘米左右会解冻。下层是永冻土，是永久冻结的。冻土阻止了地表水下渗，让冻原都变成了沼泽。只有小型植物才能在这潮湿的浅层土壤中茁壮成长。它们利用盛夏时一天 24 小时的阳光快速生长和开花。成群的蚊子和其他昆虫孵化出来，候鸟也飞来哺育它们的后代。

兴安悬钩子

兴安悬钩子也叫云莓，可以在冻原潮湿的酸性土壤中茁壮成长。这些低矮的植物结出味道浓烈的果实，供哺乳动物和鸟类食用。其叶子是飞蛾和蝴蝶的幼虫的食物。

无茎蝇子草

这种小叶子的常绿植物紧贴地面形成紧凑的草垫，以保护自己免受寒风的侵袭。

驯鹿

驯鹿是冻原上最大的哺乳动物之一。它们有厚厚的皮毛来保暖，其蹄子适宜在雪中行走，能刮掉雪寻找苔藓和地衣食用。

位置

冻原在北冰洋周围形成了一个区域，在南极洲及其附近岛屿上也存在较小的区域。近几十年来，由于全球变暖，冻原的面积一直在缩小。

气候

冻原是所有生物群系中最冷、最干燥的地区之一，年降水量少于 250 毫米。冬季的平均温度为 −25 摄氏度，夏季很少超过 15 摄氏度。

加拿大的阿克拉维克

摄氏度　　　　温度　　　　毫米

降水

月份

北极熊

在夏季，当海冰融化时，北极熊会迁移到冻原。它们必须在没有主要猎物海豹的情况下生存，直到冰层重新结冰。这时的食物匮乏，但北极熊会捕食候鸟和它们的蛋，以及驯鹿等动物。

旅鼠

旅鼠拥有厚实的毛和矮壮的身体，有助于减少热量的损失。冬天，这些啮齿动物在雪下建造交错隧道来保暖并躲避捕食者。

雪雁

雪雁是一种候鸟，会在极昼的仲夏之时飞到冻原上。这时，它们更容易找到食物并抚养后代。它们喜欢靠着雪鸮筑巢，雪鸮可以阻止贼鸥等掠食者的攻击。

北方针叶林

一大片针叶林环绕着地球的北极地区，横跨加拿大、斯堪的纳维亚半岛、俄罗斯，还有美国的阿拉斯加州等地。这里被称为北方针叶林或泰加林，是世界上最大的生物群系。这里的树木已经适应了寒冷多雪的冬季，它们在短暂的夏季旺盛生长。

▼ 林中生命

在横跨加拿大的北方针叶林里，尽管土壤会在冬天结冰，但树木依然长得很高。有些动物一年四季都生活在北方针叶林里。另一些动物则在冬天迁往南方。

越橘

这种低矮的灌木生长在北方针叶林贫瘠的酸性土壤中。它能忍受冬天的低温和森林底部的阴暗。

驼鹿

驼鹿的大脚可以防止身体陷进雪里。在寻找水生植物来食用的时候，它们的大脚对游泳也很有帮助。

安大略鳟

安大略鳟又被称为大西洋鲑。北方的河流是几种鲑的繁殖地。每年，成熟的鲑从海洋逆流而上来到产卵地点，这些鱼已经适应了淡水和咸水交替的生活。

位置

北方针叶林位于北半球北极圈周围的广阔地带。夏天的森林里有许多淡水湖和沼泽。

气候

北方针叶林四季分明。冬天很冷，但春天和秋天通常是温和的。夏天很短但温暖，白天很长。此时也是一年中降雨最多的时候。

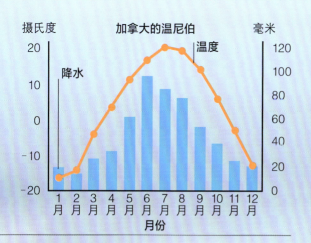

摄氏度 加拿大的温尼伯 毫米

降水 温度

月份

针叶树

针叶树的外形常呈圆锥形，这种形状有助于减少树枝上的积雪。松柏没有扁平的叶片，其叶片呈针状，以便在地面结冰时保存水分。

北山雀

这种山雀科动物以针叶树种子和生活在树上的昆虫为食。它会为食物匮乏的冬天储存种子。

北美林蛙

对于两栖动物和爬行动物来说，北方针叶林通常太冷了。然而，北美林蛙有一个特殊的技能——它可以在身体反复的冷冻和解冻中存活下来，这对于大多数动物来说是致命的。

加拿大猞猁

这种短尾猫科动物有覆盖着毛的大爪子，就像雪鞋一样。在捕猎白靴兔（加拿大猞猁的主要猎物）时，爪子帮助分散了身体的重量，防止它陷进雪中。

温带森林

在气候温和的部分地区，森林茂盛生长。北半球的温带森林以阔叶树木为主，如栎树和槭树。这些树大多是落叶树，秋天会落叶。温带也有常绿森林，尤其在南半球较多。

▼ 欧洲的落叶林

温带森林是分层的。最上面的一层是林冠层，由高大树木的树冠组成。下一层是下木层，较矮树木的上层树枝可以延伸到这一层。再往下是灌木层，生长着低矮的植物。森林的地面是最底层，通常被树枝和腐叶所覆盖。

大斑啄木鸟

这种啄木鸟在温带森林中很常见，通常全年都在那里生活。它利用特别坚硬的喙在树上挖甲虫幼虫食用。它还会储存种子，以便度过食物匮乏的冬天。

蓝铃花

蓝铃花通常生长于欧洲古老的森林中，它们通过将养分储存在地下的鳞茎中来过冬。这意味着在春天，趁树叶尚未重新长出，充足的阳光还能抵达地面，同时天气也已经变暖，它们可以抓住时机迅速生长。

马鹿

这些大型鹿科动物以各种各样的植物为食，从草、灌木到浆果、橡子、树皮不等。像大多数生活在冬季寒冷地区的哺乳动物一样，马鹿有厚厚的毛，以便在寒冷的月份里保持温暖。

位置

大片的温带森林遍布欧洲、北美洲东部，以及中国等地。常绿温带森林主要分布在智利、澳大利亚和新西兰，常绿林在北半球温带森林的南部也有分布，如中国南方。

气候

温带森林生长在四季分明的地区。夏季温暖，冬季寒冷，全年雨量充足，但在受季风影响的东亚地区，雨量更集中在夏季。

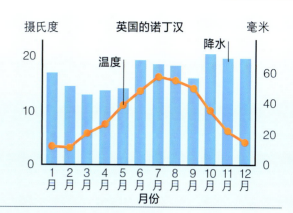

摄氏度　　　　英国的诺丁汉　　　　毫米

温度　　　　降水

光秃秃的树枝

阔叶树，如栎树和水青冈，每年都会落叶。这种方式是为了在条件恶劣的冬天保存能量和水分。

松鼠

松鼠是森林里的杂技演员，它们在树上跑来跑去，在树枝间跳来跳去。为了熬过冬天，它们长出了更厚的毛，并以秋天收集的种子为食。

锹甲

锹甲在地下深处产卵。当卵孵化时，幼虫会爬到地表以枯木和枯叶为食，然后返回土壤过冬。成虫出现在春天。

▼潘帕斯草原

▼潘帕斯草原

潘帕斯草原是南美洲南部的一片低洼草原。这里生长着成千上万种植物，但基本没有树木。因为树木无法在经常发生野火的夏季存活下来，而野火对于草原的再生来说十分重要。

温带草原

在世界上气候温和的另一部分地区，由于土壤贫瘠、降雨不足或经常发生野火等原因，草原在此茂盛生长。此外，在有很多食草动物，如牛、羊、野牛和原驼的地方，草也占据了主导地位。这些食草动物阻止了大型植物的生长，但草很快就会再次生长出来，就像草坪在被修剪后会长出新草一样。

倭犰狳

这种小型哺乳动物可以捧在手掌里。其流线型的外形和光滑的外壳使它在逆风时也能快速移动，还能帮助它在几秒钟内钻进草原的沙质土壤，并在那里度过一天中的大部分时间。

美洲鸵鸟

美洲鸵鸟是南美洲最大的鸟。它们不会飞，但长腿和长脖子能帮助它们发现危险并快速奔跑。美洲鸵鸟会吞下小石头来帮助磨碎坚硬的植物类食物。

位置

温带草原分布在北美洲中部以及从东欧延伸到亚洲的狭长地带。南美洲和澳大利亚也有一些草原。

气候

温带草原夏热冬冷。缺乏树木遮挡意味着这些地方的风很大。

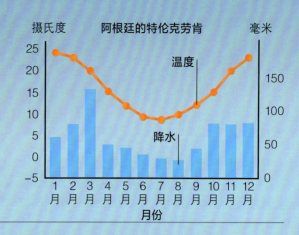

阿根廷的特伦克劳肯

摄氏度　　　　　　　毫米

温度

降水

月份

原驼

原驼是一种反刍动物，以草为食。它的胃有3个腔，胃里的微生物可以分解坚韧的草纤维。原驼的上唇是分开的，以抓住和采摘草和叶。它们善于节水，能在非常干燥的地方生存。

高高的蒲苇

潘帕斯草原上最高的草之一是蒲苇。这种草高达4米，有剃刀般锋利的草叶，以阻止食草动物进食。其根深入地下，能在干燥的气候条件中寻找水分。

树商陆

树商陆是潘帕斯草原上唯一长得像树的植物。它是一种大型灌木，有多个防火树干，可以在少水的环境中生存。它的汁液和叶子是有毒的，可以阻止动物进食。

鬃狼

鬃狼是独居的犬科动物，会在凉爽的清晨和深夜狩猎。像美洲鸵鸟一样，它的长腿能帮助它的视线越过高高的草丛。它利用灵敏的大耳朵来捕捉草丛中小动物的沙沙响声。

食蚁兽

食蚁兽是一种没有牙齿的哺乳动物，它们用长长的舌头把蚂蚁和白蚁从巢穴中粘出来。当河流和小溪干涸时，它们会用强壮有力的前爪来挖水喝。

荒漠

荒漠是地球上最干燥的地方，这里的降雨量比其他任何生物群系都要少。虽然荒漠看起来光秃秃的，没有生命，但一些植物和动物已经适应了在水量很少的环境中生存。荒漠植物在降雨后迅速吸收水分，然后储存起来。荒漠动物通过寻找阴凉处或白天躲在洞里来躲避炽热的阳光。

▼ 东部沙漠

东部沙漠（下图）和邻近的撒哈拉沙漠所覆盖的面积比欧洲还大。在这些沙漠中，由风沙形成的沙丘组成了巨大的"沙海"，几乎没有植物生长。然而，在低洼地区，地下水形成了被椰枣树和芦苇包围的咸水池。这些绿洲为野生动物和人类旅行者提供了避难所。

野生药西瓜

药西瓜的茎在沙地上匍匐生长。这种植物有能延伸到地下深处的粗壮的主根，可以够到并储存水分，这样它就可以适应长时间不下雨的环境。

剑羚

这只剑羚可以几个月不喝水，并从它所吃的荒漠植物中获取所需水分。它也可以产生浓缩的尿液，以避免水分流失。

以色列金蝎

这种剧毒的蝎子被称为杀人蝎，在炎热的白天躲在洞穴里，在晚上出来捕食。它的猎物是其他的无脊椎动物，如蟋蟀和甲虫，可以满足它大部分的水需求。

聊狐

聊狐是一种体形很小的荒漠狐狸。它的大耳朵可以帮助散热，而脚上的茸毛可以避免在热沙子上行走时烫伤。它在夜间进食，捕食昆虫、小型哺乳动物和鸟类。

位置

世界各地都有荒漠。炎热的荒漠，如撒哈拉沙漠，靠近热带地区。寒冷的荒漠，如戈壁，位于远离赤道的地方。

戈壁

撒哈拉沙漠

气候

荒漠每年的降雨量通常少于 250 毫米。在一些地方，暴风雨可能骤然而至，而在另一些地方，几年可能都没有一滴雨。

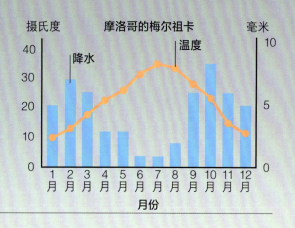

摄氏度　摩洛哥的梅尔祖卡　毫米

降水　温度

月份

荒漠中的大戟

这种植物进化出了适应炎热荒漠的能力，它可能看起来像仙人掌，但与仙人掌并不是近亲。它用肉质的茎来储存水分，刺状叶可以减少水分的流失。

锯鳞蝰

这条毒蛇在沙子里扭动身体，直到只有其头部露出沙子。然后等待着伏击路过的猎物。锯鳞蝰以一种被称为侧行式爬行的起伏运动方式在沙丘上移动，以最大限度地减少与滚烫沙子的接触。

银蚁

银蚁每天只在荒漠的高温环境中待 10 分钟。它有超长的腿，可以让身体远离滚烫的沙子。其身上还覆盖着微小的银色毛，可以反射阳光的热量。

单峰驼

单峰驼以能长时间不喝水而闻名。这是由于驼峰中储存的脂肪分解后能提供能量和水。

热带雨林

在热带潮湿的地区，全年的温暖气候促进了森林的茂密生长。在赤道附近，这些地区几乎每天都下雨，这里的森林被称为热带雨林。它们是所有生物群系中最具生物多样性的，生长着如此多的植物和动物物种，以至于大多数物种仍未被科学研究过。

▼ 加里曼丹岛雨林

在加里曼丹岛上，现存的天然雨林具有多层结构，在几乎连续的树冠之上，还耸立着非常高大的树木。在这之下，较小的树木组成了分散的下木层。大多数森林动物生活在树上，但也有一些喜欢在阴暗的地面上生活。

空气凤梨

森林里的植物会争夺阳光，最高的树遮住了其余的树。气生植物，比如空气凤梨，已经适应了这种环境。它们附着在离地面很高的树上，以便接触到阳光。

红毛猩猩

这种类人猿适应了树上的生活。当在树梢上移动时，它的脚就像另一双手一样。它们会在极少数情况下来到森林的地面上，这时它们会发现走路是一件不太容易的事情。

树蛙

黏糊糊的脚趾垫能帮助树蛙在爬树的时候紧紧抓住树枝。森林里非常潮湿，但这对于树蛙来说很舒服，因为它们需要保持皮肤湿润以吸收氧气。

位置

热带雨林主要位于热带的中美洲和南美洲、非洲中部、东南亚和新几内亚岛。

加里曼丹岛

气候

热带雨林一年四季炎热潮湿，但加里曼丹岛拥有相对湿润和干燥的季节。这是季风造成的。

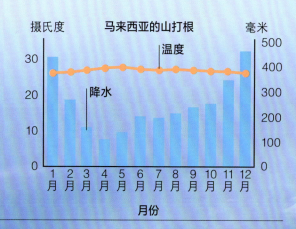

马来西亚的山打根

摄氏度　　　　　　温度　　　毫米

降水

月份

马来犀鸟

这种令人印象深刻的鸟生活在高高的树梢上，并在那里寻找一年四季都能在热带雨林中找到的果实。

犀鸟用喙扯下小果子并熟练地把它们抛进嘴里

马来熊

为了适应森林生活，马来熊作为敏捷的攀登者，大部分时间都在树上度过。它几乎什么东西都吃，尤其以水果和昆虫为主。

猪笼草

热带雨林的土壤缺乏养分，所以这种植物把昆虫和落叶困在充满液体的口袋里。口袋里的液体能消化猎物并提取自身所需的营养。

猛雕

当它在草原上空翱翔时,可以发现5千米外的猎物。它的攻击方式是俯冲下来,并用可怕的爪子抓住猎物。

热带草原

热带草原(稀树草原)主要分布在旱季长、雨季短的热带地区。严酷的旱季、频繁的野火和大量的食草哺乳动物阻碍了森林的生长。这些食草动物会被狮子和猎豹等大型食肉动物追踪。

▼ 塞伦盖蒂草原

非洲坦桑尼亚的塞伦盖蒂草原仍然保留着原始的野生大型哺乳动物种群,其中一些会在旱季进行大规模迁徙以寻找食物和水。这造就了世界上最壮观的野生动物景观之一。

伞形金合欢

非洲的热带草原上散布着抗旱的树木。伞形金合欢因其伞状展开的树冠而得名。它的根很深,用来寻找水,并帮助它在对于大多数树木来说太干燥的栖息地生存。

猎豹

热带草原上的食草动物依靠速度来躲避捕食者,但很少有动物能跑得过猎豹。它奔跑的时速可达98千米,是世界上跑得最快的陆地动物。

位置

热带草原分布在非洲、南美洲、印度、东南亚和澳大利亚北部，最大的草原位于非洲的撒哈拉沙漠以南地区。

气候

塞伦盖蒂的气温通常很高，但在漫长的旱季会略有下降。随着一年的开始，两个雨季被一个干旱期所隔开。

斑纹角马

多达 1 万只的斑纹角马在塞伦盖蒂草原上漫步。和牛羊一样，斑纹角马也是反刍动物，擅长消化草。它们是包括斑马、羚羊和大象在内的食草动物群落的　部分。

长颈鹿

长颈鹿可高达 5.5 米，以高大树木的叶子为食——尤其是点缀在开阔大草原上的带刺的金合欢的叶子。

猴面包树

在雨季，一棵大的猴面包树可以吸收 12 万升的水，并将其储存在膨胀的树干中，以便在干旱的季节存活。

蜣螂

蜣螂会把食草动物的粪便滚成球，埋起来作为后代的食物。没有它们，热带草原会被粪便覆盖。

安第斯神鹫

从悬崖上起飞后，这只巨大的鸟可以展开有力的翅膀翱翔数小时，它乘着上升的气流扫视地面，以寻找腐肉食用。

高山生命

海拔越高，气温越低，风也越大。岩石越来越多，地面越来越贫瘠，空气越来越稀薄，以至于难以呼吸。只有最顽强的动植物才能在高山生存下来。在最高的山峰上生存几乎是不可能的。

小羊驼

小羊驼是羊驼的野生祖先，它们同样拥有浓密而保暖的毛。小羊驼的身体特别适应高海拔的低氧环境。

紧密小鹰芹

许多山地植物都有垫状的外形，以便抵御寒风。紧密小鹰芹是一种常青植物，只生长在安第斯山脉的中部，是最大的垫状植物之一，其直径可达6米。

绒毛丝鼠

它的毛非常厚，能够在夜间气温低于冰点的高山上生活。

位置

山脉遍布世界各地，它们是地壳板块的会聚之地，在漫长的时间里，板块运动迫使地面向上抬升。

气候

在赤道以南的热带的安第斯山脉，全年温度相当稳定，但有明显的旱季、雨季划分。

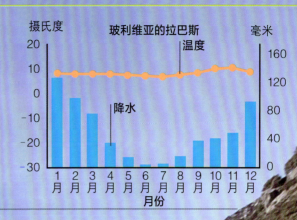

玻利维亚的拉巴斯

温度

降水

摄氏度　毫米

▼ 安第斯山脉

安第斯山脉的中部位于赤道附近，穿过秘鲁和玻利维亚，然而许多高峰超过 6 千米，终年积雪。在雪线以下的山坡上的动植物适应了这里近似北极地区的气候，茁壮成长。

地衣

在海拔更高的地区，唯一一种类似植物的生物是地衣。地衣由共生的微小藻类和真菌组成，这些藻类通过光合作用制造食物。这种合作关系让地衣可以在裸露的岩石上生存。

秘鲁火烈鸟

这些秘鲁火烈鸟在安第斯山脉中部的山区湖泊里成群觅食，利用特殊的喙来过滤水中的微小藻类。藻类的色素让其羽毛变成粉红色。

安第斯皇后凤梨

这种巨型植物属于凤梨科，能长出高达 8 米的花穗。它依靠鸟来授粉。

山原猫

它的体形与大型家猫相当，有厚厚的毛，生活在岩石地带，主要捕食山区的兔鼠。

干旱灌丛

在地中海气候的部分地区，植物主要为低矮的灌木。它们的叶子坚韧，有着皮革一样的质地，在炎热干燥的夏季可减少水分的流失。许多植物甚至可以在席卷大地的野火中幸存。这里的大型动物很罕见，但很多特殊种类的小型动物茁壮地成长着。

▼ 高山硬叶灌木群落

位于非洲南端的南非硬叶灌木群落有惊人的生物多样性，生长着 8 500 多种植物，令人眼花缭乱。其中大多数植物只在此地生长。它们鲜艳的花朵吸引了采蜜、授粉的昆虫和鸟类，而小型哺乳动物和爬行动物则在下方的地面上觅食。

橙胸花蜜鸟

花蜜鸟是闪闪发光的、色彩斑斓的采蜜动物。橙胸花蜜鸟只生活在非洲的硬叶灌木群落地区中，为帝王花和其他植物授粉。

帝王花

帝王花是硬叶灌木群落最为壮观的花之一。它可以应对长期的干旱，并且拥有粗壮的地下茎，可以在野火过后重生。

非洲蹄兔

非洲蹄兔是大象的近亲，体形和兔子差不多。非洲蹄兔喜欢居住在灌丛中的岩石地带，并成群聚集，以植物、小蜥蜴和昆虫为食。

位置

干旱灌丛分布在美国的加利福尼亚州、智利、澳大利亚南部的部分地区、南非的南端以及地中海周边地区。

气候

类似世界上其他的干旱灌丛地区，南非的硬叶灌木群落地区拥有温和潮湿的冬天和炎热干燥的夏天（11月到3月）。

南非的高山硬叶灌木群落地区

摄氏度　　　　　　　　　毫米

温度

降水

月份

垂筒花

鲜艳的垂筒花也叫火百合。在夏天的野火后，它们从埋藏在地下的球茎中发芽。这种植物对烟雾敏感，会在起火后的两周内开花。

皇家欧石南

欧石南属植物是常见的灌丛植物。皇家欧石南是色彩最丰富的欧石南之一，全年开花，只生长在非洲硬叶灌木群落地区的最南端。

桌山美人蝶

这种独特的蝴蝶是火百合等几种当地的花的唯一传粉者。雌性个体比雄性个体稍大，其翅展可达9厘米。

星丛龟

星丛龟现在非常罕见，这种拥有明显标记的小型乌龟可能会花几个星期来躲避炎热的夏日阳光。在凉爽的天气里活动时，它以草和植物球茎为食。

黑耳岩羚

这只小岩羚白天躲在阴凉处，晚上出来觅食。它独自生活，雄性之间会用它们短而锋利的角来激烈地争夺领土。

湿地

　　广阔的浅层水域逐渐被水生植物填充，形成了沼泽、水浸洼地和滩涂等。其中一些湿地的面积很大，并随着季节的变化而扩大和缩小。它们为各种动物提供了安全的避难所，尤其是那些适应在水中或潮湿的地面上生活、觅食的动物。

▼ 潘塔纳尔湿地

　　位于南美洲中部的潘塔纳尔湿地是世界上最大的热带湿地，也是世界上最大的淡水湿地。它是一个浅浅的洼地，由从周围高地流出来的河流滋养。河流带来的沉积物和水形成了由众多水池和沼泽组成的丰富多样的景观，遍布引人注目的野生动物。

粉红琵鹭

它慢慢地涉水穿过沼泽和浅水池，左右摆动着特殊的喙，从水里筛出小动物食用。

水豚

水豚是一种巨大的啮齿动物，其体重相当于一个成年人。它生活在半水生的小型草丛中，并在浅水中寻找水生植物为食。

黄水蚺

黄水蚺是世界上最长、最重的蛇类之一，它是优秀的游泳者，能在浅水中捕食水豚和小鹿等猎物。

盐沼

受潮汐影响的沿海湿地中充满了咸水而不是淡水。在气候凉爽的国家，盐沼十分丰富。它们为很多候鸟和水禽提供了重要的栖息地。

红树林

红树林生长在热带海岸的潮汐带中。它们主要是耐盐的树木，根系在软泥中起到支撑作用。这个隐蔽的栖息地是鱼类和其他海洋动物的温床。

王莲

这种水生植物的浮叶直径可达 2 米。它们经常会被觅食的涉禽造访，如肉垂水雉——这种鸟的长脚趾能帮助分散体重，所以它甚至可以行走在最轻的漂浮植物上。

凤眼莲

凤眼莲又叫水葫芦。这种自由漂浮的植物繁殖迅速，形成了覆盖大面积水域的草垫。它通过其基部的浮球状叶柄保持漂浮。

狸藻

看似无辜的狸藻以小型水生动物为食。狸藻会把它们困在其根部的口袋状囊中消化，以吸收营养。

巴拉圭凯门鳄

它是美洲鳄的半水生近亲，以蜗牛、蛇和鱼为食——尤其是食人鱼。它一生中大约要换 40 组牙齿。

美洲豹

美洲豹在沼泽边缘树木繁茂的地方徘徊，甚至跳入水中捕捉猎物。潘塔纳尔湿地是这个强大猎手的居住地之一。

海洋生命

海洋覆盖了地球表面积的 2/3 以上。海洋里有各种各样的栖息地，从冰冷的极地海洋到热带珊瑚礁，从闪闪发光的水面到黑暗的海底。但大多数海洋生物生活在有阳光照射的海面附近，那里微小的浮游生物能利用阳光的能量生存。

▼ 珊瑚礁

珊瑚礁有时被称为海洋的热带雨林，比如图中这片印度洋上的珊瑚礁，珊瑚礁为世界上至少 1/4 的海洋物种提供了家园。建造珊瑚礁的珊瑚依靠体内微小的藻类来利用阳光的能量并制造食物。不断上升的海洋温度使珊瑚释放出藻类，并可能导致珊瑚礁死亡。

珊瑚是无脊椎动物，群居生活

玳瑁生活在珊瑚礁中，主要以海绵为食

海洋区域划分

研究海洋的科学家们根据水深将海洋划分为不同的区域。当从水面往下降时，水会变得更冷、更暗，水压也会增加。生活在每个区域中的动物都适应了那里的环境。

夜晚

白天

200米

1 000米

4 000米

6 000米

透光带

在这一区域生存的微小浮游藻类利用光合作用生存。

弱光带

许多动物白天躲在阴暗交接地带，但在夜间迁徙到海洋表面附近觅食。

无光带

阳光照射不到该区域，所以在黑暗中很难看到猎物。某些生活在这里的动物会自己发光。

深渊带

靠近海底的水里只含有很少的氧气，很少有动物能在这里生存。

超深渊带

最深的区域位于海沟——海底长长的洼地里。

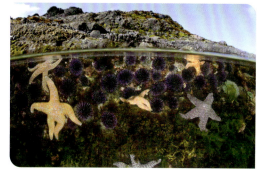

潮间带

浅海的边缘是最多样化的海洋栖息地之一。很多动物已经适应了潮汐，这些潮汐会让动物们每天都有一段时间不在水中，处于干燥状态。

极地海洋

北极和南极附近寒冷的海洋里遍布生命。上升的洋流为生活在水面上的微小浮游生物带来了营养。这吸引了大量的浮游生物，同时又吸引了很多捕食者，包括企鹅。

深海

1 000米以下直到海底的区域漆黑一片，很难找到猎物。鮟鱇利用发光的诱饵吸引猎物，而宽咽鱼拥有巨大的、有弹性的胃，能够吞下经过的动物。

人类影响

　　随着世界人口的不断增长，用于农业的土地面积增加，地球的外观因此发生了改变。现在，全球 1/3 左右的陆地面积用于农业。即使曾经被认为太干旱而不适宜种植作物的地区也可以在人类的改造下变得肥沃。图中，墨西哥的沙漠里种植着一片圆形的玉米田，一个巨大的旋转洒水器不断浇灌着这片土地。

这个部分介绍了更多关于地球的悠久**历史**、壮观的**地貌**以及地球上的各种**岩石**、**矿物**、**化石**和**宝石**等内容。

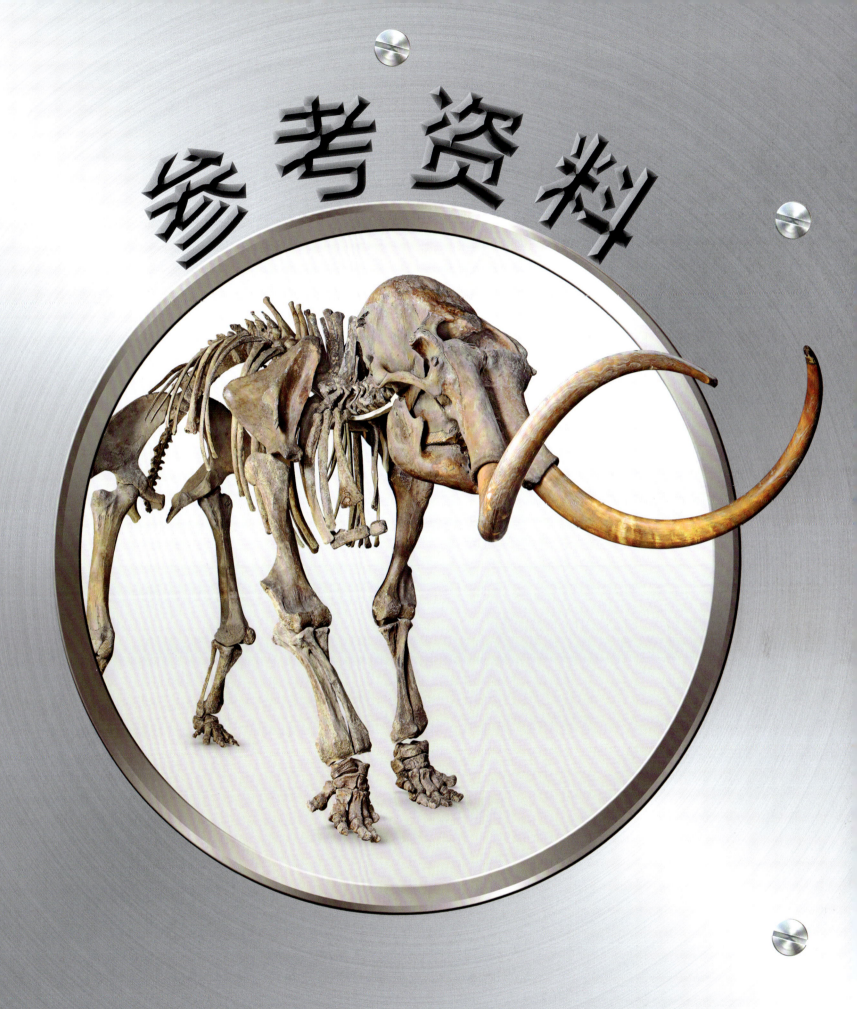

参考资料

▶ **现代的时间尺度**

地球自古以来的地质历史被分为 4 个非常长的阶段，称为"宙"，有点类似我们平时所说的季节。每个"宙"都被划分为几个"代"，每个"代"都由一个或多个地质"纪"组成。"纪"的名称反映了地质学家所研究的主要沉积地层。

宙		太古宙				元古宙（前寒武纪）										
代	冥古宙	始太古代	古太古代	中太古代	新太古代	古元古代				中元古代			新元古代		
纪						成铁纪	层侵纪	造山纪	固结纪	盖层纪	延展纪	狭带纪	拉伸纪	成冰纪	埃迪卡拉纪
百万年前	4 567	4 031	3 600	3 200	2 800	2 500	2 300	2 050	1 800	1 600	1 400	1 200	1 000	720	635　538.8

我们生活在显生宙。在此之前，生命是存在的，但并不像现在这样遍布全球

宙	显生宙																																	
代	古生代																	中生代																
纪	石炭纪							二叠纪									三叠纪							侏罗纪										
世	密西西比亚纪			宾夕法尼亚亚纪				乌拉尔世				瓜德鲁普世			乐平世		下三叠世		中三叠世	上三叠世				下侏罗世				中侏罗世					上侏罗世	
世	下世	中世	上世	下世	中世	上世																												
期	杜内期	维宪期	谢尔普霍夫期	巴什基尔期	莫斯科期	卡西莫夫期	格舍尔期	阿瑟尔期	萨克马尔期	亚丁斯克期	空谷期	罗德期	沃德期	卡匹敦期	吴家坪期	长兴期	印度期	奥列尼克期	安尼期	拉丁期	卡尼期	诺利期	瑞替期	埃唐期	西涅缪尔期	普林斯巴赫期	图阿尔期	阿伦期	巴柔期	巴通期	卡洛维期	牛津期	基默里奇期	
百万年前	358.9	346.7	330.3	323.4	315.2	307	303.7	298.9	293.5	290.1	283.3	274.4	266.9	264.3	259.5	254.1	251.9	249.9	246.7	241.5	237	227.3	205.7	201.4	199.5	192.9	184.2	174.7	170.9	168.2	165.3	161.5	154.8	149.2

地质年代表

我们的星球大约有 46 亿年的历史——仅仅从 1 开始数到 46 亿就需要花费超过 146 年的时间。在人类存在于地球上的短暂时间里，我们利用最可靠的地质线索——岩石——拼凑出了整个地球历史的时间表。

指示化石

化石是用来计算地质年代的第一个线索。更深的层通常更老，但这些地层有时会发生折叠或翻转，因此，比较沉积岩中发现的化石是确定地层年龄的更好方法。

腹足类
三叶虫
海百合
珊瑚
种子蕨类
菊石

相互匹配的化石表明了这些岩石地层的年代是相同的

宙：显生宙　代：古生代

纪	世	期
寒武纪	纽芬兰世	幸运期
		第二期
	第二世	第三期
		第四期
	第三世	第五期
		鼓山期
		古丈期
	芙蓉世	排碧期
		江山期
		第十期
奥陶纪	下奥陶世	特里马道克期
		弗洛期
	中奥陶世	大坪期
		达瑞威尔期
	上奥陶世	桑比期
		凯迪期
		赫南特期
志留纪	兰多弗里世	鲁丹期
		埃隆期
		特列奇期
	文洛克世	申伍德期
		侯默期
	罗德洛世	戈斯特期
		卢德福德期
	普里多利世	
泥盆纪	下泥盆世	洛赫科夫期
		布拉格期
		埃姆斯期
	中泥盆世	艾费尔期
		吉维特期
	上泥盆世	弗拉斯期
		法门期

百万年前：538.8　529　521　514.5　506.5　504.5　500.5　497　494.2　491　486.9　477.1　471.3　469.4　458.2　452.8　445.2　443.1　440.5　438.6　432.9　430.6　426.7　425　422.7　419.6　413　410.6　393.5　388　382.3　372.2　358.9

宙：显生宙　代：中生代、新生代

纪	世	期
白垩纪	下白垩世	提塘期
		贝里阿斯期
		瓦兰今期
		欧特里沃期
		巴列姆期
		阿普特期
		阿尔必期
	上白垩世	塞诺曼期
		土伦期
		科尼亚克期
		桑顿期
		坎潘期
		马斯特里赫特期
古近纪	古新世	丹尼期
		塞兰特期
		塔内特期
	始新世	伊普尔期
		路特期
		巴顿期
		普利亚本期
	渐新世	吕珀尔期
		夏特期
新近纪	中新世	阿基坦期
		布尔迪加尔期
		兰海期
		塞拉瓦勒期
		托尔托纳期
		墨西拿期
	上新世	赞克尔期
		皮亚琴察期
第四纪	更新世	格拉斯期
		卡拉布里雅期
		伊奥尼雅期
		上更新期
	全新世	

百万年前：…9.2　143.1　137.1　132.6　125.8　121.4　113.2　100.5　93.9　89.8　85.7　83.6　72.2　66　61.7　59.2　56　48.1　41　37.7　33.9　27.3　23　20.5　16　13.8　11.6　7.246　5.333　3.6　2.58　1.8　0.774　0.129　0.0117

放射性鉴年法

某些矿物所含有的原子不稳定，而且会随着时间的推移发生衰变，变成不同种类的原子。例如，某些铀原子会衰变成铅原子。这种衰变是以一个稳定的、可预测的速度发生的。地质学家们通过比较每种原子的数量，可以计算出岩石的年龄。

物种大灭绝

地球历史上一些主要阶段的结束都以大灭绝为标志，有很多物种在大灭绝时消失了。其中，最大规模的一次物种灭绝发生在二叠纪末期。恐龙大灭绝发生在白垩纪末期至古近纪之间。

有些锆石晶体的形成时间可以追溯到数十亿年前

非鸟类恐龙的灭绝

寒武纪	奥陶纪	志留纪	泥盆纪	石炭纪	二叠纪	三叠纪	侏罗纪	白垩纪	古近纪	新近纪	第四纪

古近纪　新近纪　第四纪　物种数量

538.8　486.9　443.1　419.6　358.9　298.9　251.9　201.4　143.1　66　23　0　2.58

百万年前

第一张现代英国地质图

第一张现代英国地质图是由英国地质学家威廉·史密斯于1815年绘制完成的。史密斯开创了用化石确定地层年龄的先河。

▼ 2. 大陆崖，非洲南部
全长 5 000 千米

大陆崖主要位于南非和莱索托，且延伸穿过津巴布韦、纳米比亚和安哥拉。陡崖是指地形高度急剧变化的地方。

世界十大代表性山脉

山脉形成于两个板块的交会处，地壳在此处被挤压，陆地隆起，从而创造了地球上一些最具特色、最令人敬畏的景观。一般海拔高度超过 500 米的崎岖地貌类型被定义为山，少数山的海拔能达到这个数字的十几倍，在那里，空气非常稀薄，登山者需要随身携带瓶装氧气才能生存。

▼ 3. 落基山脉，北美洲
全长 4 800 千米

落基山脉从美国西南部的新墨西哥州一直延伸到加拿大北部，由大约 100 座山组成，被划分为 3 段，包括北段、中段、南段。

▶ 1. 安第斯山脉，南美洲
全长约 8 900 千米

安第斯山脉位于南美洲西部，北起委内瑞拉，南至阿根廷和智利。这片区域拥有各种各样的风景，包括冰川、火山、沙漠、盐滩、草原和热带雨林。其最高峰是阿根廷的阿空加瓜山，海拔高度为 6 959 米。

◀8. 天山山脉，亚洲
全长 2 500 千米

天山山脉横跨中国、吉尔吉斯斯坦、哈萨克斯坦和乌兹别克斯坦 4 个国家。最宽处达 500 千米左右，最高峰托木尔峰海拔为 7 443 米。

▲ 4. 大分水岭，澳大利亚
全长 3 700 千米

大分水岭是单一国家境内最长的山脉。它从约克角半岛开始沿着澳大利亚东部一直延伸到维多利亚，其走向几乎与海岸平行。山脉的南部有海拔最高的科西阿斯科山，海拔为 2 228 米。

▲ 7. 乌拉尔山脉，俄罗斯
全长 2 500 千米

乌拉尔山脉位于俄罗斯西部，成了欧亚之间的天然边界。其范围从喀拉海的北端一直延伸到奥尔斯克，地貌景观从寒冷的北极冻原到森林再进入半荒漠。人民峰是乌拉尔山脉的最高峰，海拔为 1 895 米。

▲ 9. 阿尔卑斯山脉，欧洲
全长 1 200 千米

此山脉从法国南部开始，以新月形穿过瑞士、德国、意大利、奥地利等国家。勃朗峰是海拔 4 808.73 米的最高峰，马特洪峰（上图）和艾格峰也是世界知名的山峰。

▲ 5. 横贯南极山脉，南极洲
全长 3 500 千米

这座巨型山脉的大部分山体都被冰覆盖，只露出山峰。它把南极洲分为东西两部分。柯克帕特里克山是最高峰，海拔为 4 528 米。

▲ 6. 喜马拉雅山脉，亚洲
全长 2 450 千米

喜马拉雅山脉横跨尼泊尔、不丹、印度东北部、中国西藏白治区和巴基斯坦，世界上最高的 10 座山峰中有 9 座位于喜马拉雅山脉，其中包括海拔 8 848.86 米的珠穆朗玛峰。

◀10. 大高加索山脉，亚欧交界
全长 1 200 千米

大高加索山脉从黑海延伸到里海，途经俄罗斯、格鲁吉亚和阿塞拜疆。厄尔布鲁士山是最高峰，海拔为 5 642 米。

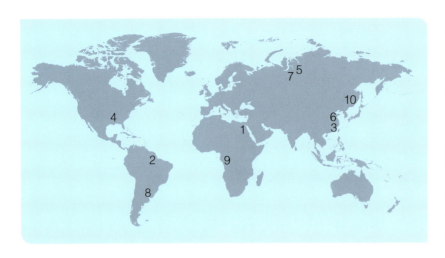

▲ 3. 长江，中国
6 300 千米

长江是世界第三长的河流，也是单一国家境内最长的河流。它起始于青藏高原，借助西高东低的山地地形，向东流入东海。

▼ 4. 密西西比河—密苏里河，美国
6 262 千米

密西西比河干流发源于美国明尼苏达州艾塔斯卡湖，从北向南横跨 10 个州，最后流经新奥尔良东南部的一个巨大三角洲后流入墨西哥湾。密苏里河汇入密西西比河，因此它们被认为同属于一个河流系统，这让密西西比河—密苏里河成为世界第四长的河流。

世界十大代表性河流

河流通常发源于丘陵、高山和高原，然后穿越陆地，进入海洋，对人类生活的方方面面都起着至关重要的作用，对地貌景观也产生了巨大影响。

▲ 1. 尼罗河，非洲
6 671 千米

尼罗河被公认为世界最长的河流，流经 11 个非洲国家，最终进入地中海。

▶ 2. 亚马孙河，南美洲
6 480 千米

亚马孙河发源于秘鲁的安第斯山脉，向东流经亚马孙热带雨林，最终在巴西海岸流入大西洋。虽然亚马孙河不是世界最长的河流，但它拥有世界上最大的流域和流量。

◄5. 叶尼塞河—安加拉河—色楞格河，蒙古和俄罗斯
5 539 千米

叶尼塞河流系统从色楞格河向北延伸，穿过西伯利亚中部，最后流入北冰洋。融雪是河水的主要来源，其余的水来自降雨和地下水。

▶7. 鄂毕河，俄罗斯
5 410 千米

鄂毕河发源于阿尔泰山脉。这条河流是主要的交通路线之一，其河水也用于灌溉和水力发电。

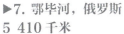

◄8. 巴拉那河，南美洲
5 290 千米

巴拉那河是南美洲的第二大河，仅次于亚马孙河，它发源于巴西高原东南部，流经巴西、巴拉圭和阿根廷，其河口段称"拉普拉塔河"，注入大西洋。

坐落于巴拉那河上的伊瓜苏瀑布

◄9. 刚果河，西非
4 640 千米

刚果河某些区域的水深可达220 米，是世界上最深的河流。它起始于赞比亚，流经多个国家后进入大西洋。

▼ 6. 黄河，中国
5 464 千米

黄河发源于青藏高原，向东北方向流入渤海。它是世界上泥沙密度最大的河流，因为其流经的土地很容易被侵蚀。

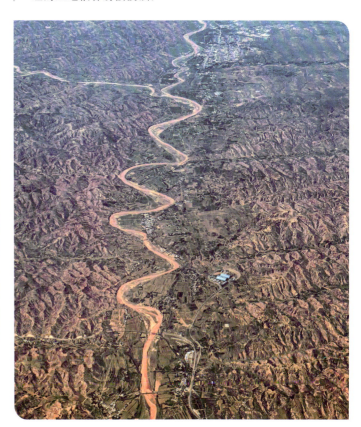

▲ 10. 黑龙江，亚洲
4 370 千米

黑龙江南源额尔古纳河，北源石勒喀河。在中国境内长3 101 千米。这条河成了俄罗斯东部和中国北部的天然边界。它穿过冻原、北方针叶林、草原，最终到达鞑靼海峡。

◄1. 里海，欧洲／亚洲
约 371 000 平方千米

里海位于欧洲与亚洲的交界处。里海沿岸分属俄罗斯、阿塞拜疆、伊朗、土库曼斯坦和哈萨克斯坦。

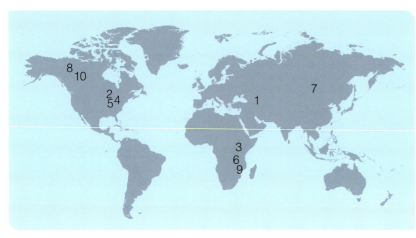

▲ 2. 苏必利尔湖，北美洲
82 100 平方千米

北美洲有五大湖，其中苏必利尔湖是面积最大的。世界上大约 1/5 的地表未冻淡水储存在五大湖中，其中一半以上在苏必利尔湖。

世界十大代表性
湖泊

　　湖泊是完全被陆地包围的大型水体。大多数湖泊属于淡水，并不断有河流、溪流和降水的补充，以弥补出水口和蒸发所造成的水分损失。如果一个湖泊没有出口，而且气候干燥，那么随着时间的推移，蒸发作用会导致湖水中的矿物含量上升，因此湖水会变咸。

▲ 3. 维多利亚湖，东非
69 000 平方千米

维多利亚湖位于乌干达、坦桑尼亚和肯尼亚接界处，其湖岸线是东非人口最稠密的地区之一。该湖由卡盖拉河、马拉河等提供水源，其唯一的出口是位于北岸的维多利亚尼罗河。

◀ 7. 贝加尔湖，俄罗斯
31 500 平方千米

西伯利亚的贝加尔湖是地球上最深、最古老的湖泊，拥有 2 000~2 500 万年的历史，最深达 1 620 米。按体积计算，它是世界上最大的淡水湖，拥有地球上 1/5 的地表未冻淡水。

4. 休伦湖，北美洲 ▶
59 565 平方千米

北美五大湖中的第二大湖是休伦湖。尽管五大湖是内陆水域，但对于船只航行来说却很危险，据估计，休伦湖中有 1 000 多艘沉船。

▲ 8. 大熊湖，加拿大
31 328 平方千米

大熊湖位于加拿大西北部的史密斯堡地区，横跨针叶林和冻原之间的过渡地带，其北端进入北极圈。

◀ 5. 密歇根湖，北美洲
57 753 平方千米

密歇根湖甚至比休伦湖更危险，五大湖的沉船中约 1/4 在密歇根湖。它是五大湖中唯一一个完全位于美国境内的大湖。

◀ 6. 坦噶尼喀湖，东非
32 900 平方千米

坦噶尼喀湖是世界上最长的淡水湖，从南端的赞比亚延伸到北岸的布隆迪，全长为 720 千米。

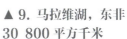

▲ 9. 马拉维湖，东非
30 800 平方千米

马拉维湖位于非洲国家马拉维、莫桑比克和坦桑尼亚接界处。清澈的湖水里栖息着数百种特有鱼类，这意味着只能在马拉维湖中找到这些鱼。

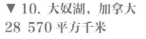

▼ 10. 大奴湖，加拿大
28 570 平方千米

大奴湖位于加拿大西北部，以其巨大的岩石海湾和众多的岛屿而闻名，在某些区域，清澈而寒冷的湖水深度超过 600 米。

世界十大代表性
洞穴系统

洞穴可以在地下蜿蜒数百千米，其类型从壮观的洞厅到狭窄的通道不等。洞穴系统不断被人类探索，因此其真实长度可能比人们目前估计的要长。

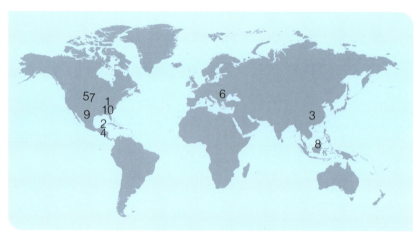

▲ **2. 奥克斯贝尔哈洞穴系统，墨西哥金塔纳罗奥州**
496 千米

奥克斯贝尔哈洞穴是最长的水下洞穴系统。这里有 150 多个天坑，这些天坑是当石灰岩基岩溶解，上方的土地塌陷时形成的落水洞或溶洞，这些天坑大多被水充满，又叫"天然井"。

▼ **3. 双河洞，中国**
437 千米

双河洞是亚洲最长的洞穴系统，目前尚未被充分探索。它至少有 5 条地下河以及很多瀑布。

▶ **1. 猛犸洞，美国肯塔基州**
685 千米

由于发现了连接弗林特岭和罗佩尔洞的通道，肯塔基州的猛犸洞目前是世界上已知的最长的洞穴系统。

▶**4. 萨克阿克顿洞系统，墨西哥金塔纳罗奥州**
386 千米

这是另一个巨大的墨西哥水下洞穴系统，其上方散布着天然井。2011 年，潜水员在洞穴中发现了冰河时代的乳齿象骨头和人类的头骨，被认定已有 12 000 年之久。

8. 清水洞，马来西亚▶
256 千米

清水洞位于马来西亚沙捞越州的热带雨林之下，是东南亚最长的洞穴系统，也是地球上容积最大的洞穴系统。

▲ **5."宝石洞"，美国南达科他州**
342 千米

"宝石洞"因其众多悬垂的晶体而得名。同样可见的还有流石，当富含碳酸钙的水以薄层形式流经岩壁时，留下了看起来具有光泽的方解石沉积物，即流石。

▲ **9. 列楚基耶，美国新墨西哥州**
242 千米

列楚基耶洞穴中有世界罕见的洞穴堆积物，包括吊灯状的石膏堆积物和珍珠一样的穴珠。

▼ **10. 费希尔岭，美国肯塔基州**
212 千米

人们认为，费希尔岭洞穴系统在 1981 年是被再次探索，因为探险家们在洞穴中发现了人类活动的证据，这些证据可以追溯到公元前 3 000 年左右。

▶**6."乐观洞"，乌克兰**
264 千米

"乐观洞"位于乌克兰西部的科洛里夫卡村附近。它由相互连接的通道网络组成，因此也被称为"迷宫洞"。

◀**7. 风洞，美国南达科他州**
260 千米

该洞穴得名于进出洞穴的风。风洞的石灰岩洞穴中有一个类似蜂巢图案的网格构造。这里的岩石被硫酸侵蚀，硫酸来源于水与矿物石膏的化学反应。由于气候干燥，洞穴中的钟乳石和石笋较为稀少。

世界十大著名的
深邃峡谷

峡谷是历经亿万年，由流动的河水缓慢地侵蚀和风化，并时常伴随构造隆升而形成的。它们最终会变成划破地球表面的巨大裂缝。

◀**3. 科尔卡峡谷，秘鲁**
深 3 400 米

科尔卡峡谷穿过秘鲁南部的安第斯山脉，深度约为美国科罗拉多大峡谷的两倍。它形成于科尔卡河的侵蚀，其周边环境是因火山活动而形成的。

▶**1. 雅鲁藏布大峡谷，中国**
深 6 009 米

雅鲁藏布大峡谷不仅是世界最深的峡谷，也是世界最长的峡谷，全长 504.6 千米。

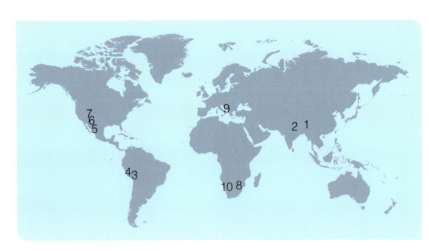

◀**2. 卡利甘达基峡谷，尼泊尔**
深 5 570 米

壮观的卡利甘达基峡谷位于喜马拉雅山，因一条河流穿过由构造运动而迅速上升的区域而形成。

◀**4. 科塔瓦西峡谷，秘鲁**
深 3 350 米

科塔瓦西峡谷是河流侵蚀和冰川作用的共同结果。它地处偏远，河流湍急，除了从事研究的地质学家和考古学家之外，几乎没有游客到访。

◀5. 铜峡谷，墨西哥
深 1 880 米

铜峡谷实际由 6 个峡谷组成，穿过位于墨西哥西北部的西马德雷山脉。

▶8. 布莱德河峡谷，南非
深 1 372 米

尽管许多峡谷的地貌仅仅包含裸露的岩石，但布莱德河峡谷中拥有丰富的亚热带植被，因此成为最大的"绿色峡谷"之一。

◀6. 科罗拉多大峡谷，美国
深 1 860 米

科罗拉多大峡谷可能是所有峡谷中最著名的，由科罗拉多河在亚利桑那州西北高原地区侵蚀而成。峡谷壁出露的岩层可以追溯到 18 亿年前，详细记录了缓慢变化的环境。

◀9. 塔拉河峡谷，黑山
深 1 310 米

塔拉河峡谷是欧洲最长、最深的峡谷，从黑山绵延至波黑，长度为 82 千米。该峡谷以包含 80 多个大型洞穴而闻名，并以其高崖下的众多沙滩为特色。

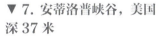

▼ 7. 安蒂洛普峡谷，美国
深 37 米

嶂谷是非常狭窄的峡谷，通常形成于一些特殊岩石中。安蒂洛普峡谷就是这样，它位于亚利桑那州纳瓦霍人的土地上，其砂岩被湍急的水流反复侵蚀。

▶10. 鱼河峡谷，纳米比亚
深 550 米

鱼河峡谷在纳米比亚南部蜿蜒约 160 千米，是非洲最长的峡谷。它由较宽的上游峡谷和较窄的下游峡谷组成，峡谷中的河流在沙漠气候条件下并非全年有水。

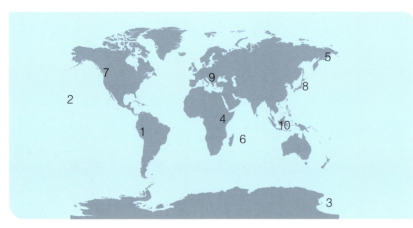

世界各地的
火山

　　能够喷发的火山被称为活火山。世界上大约有 1 350 座活火山，其中很多火山目前处于休眠状态。如果一座火山失去了岩浆供应，它将永远不会再喷发，并被认为已死亡。活火山可能会造成致命的后果，但并不是所有的火山喷发都是破坏性的——位于海洋中的火山可以创造新的陆地，火山灰可以让土壤变得肥沃，帮助植物生长。

▶1. 萨班卡亚火山，秘鲁
5 960 米

高耸于秘鲁安第斯山脉的萨班卡亚火山，其名称的含义是"火之舌"，它与安帕托火山和瓦尔卡瓦尔卡火山形成火山群，瓦尔卡瓦尔卡火山至今没有喷发记录。2023 年 5 月 29 日至 6 月 4 日期间，萨班卡亚火山平均每天发生 24 次喷发，并将气体和火山灰喷射至 2 千米的高空。

◀2. 冒纳罗亚火山，夏威夷
4 170 米

夏威夷的冒纳罗亚火山是一座盾形火山。它是世界上最活跃的火山之一，但不是最危险的火山，因为它不太可能猛烈喷发。它的熔岩从火山中流出，而不是爆炸式地猛烈喷出。

▲ 3. 埃里伯斯火山，南极洲
3 794 米

南极洲的埃里伯斯火山是南极大陆第二高的火山，仅次于海拔 4 200 米的西德利火山，但它是最活跃的火山，会定期喷发气体和蒸汽，偶尔还会猛烈地向空中喷射火山弹。

▶4. 尼拉贡戈火山，刚果民主共和国
3 470 米

由熔岩和火山灰层反复交替构成的火山被称为层状火山。尼拉贡戈火山口宽 2 千米，通常其中有熔岩湖。2002 年，熔岩流从山体两侧的裂口中流出，几乎摧毁了附近的戈马市。

8. 樱岛火山，日本 ▶
1 117 米

樱岛火山是日本最活跃的火山之一。它平均每年喷发 100~200 次，且能产生爆炸式喷发，将火山灰和气体喷向 1.5 千米的高空。

▲ 5. 希韦卢奇火山，俄罗斯
3 283 米

俄罗斯远东的堪察加半岛上最大、最活跃的火山是希韦卢奇火山。这座火山以其熔岩穹丘而闻名。黏厚的熔岩流到地表时，因无法流动而堆积在火山口周围，形成了穹丘。

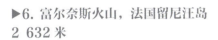

▶6. 富尔奈斯火山，法国留尼汪岛
2 632 米

富尔奈斯火山坐落在印度洋的留尼汪岛上，属于盾形火山。它类似冒纳罗亚火山，它的玄武岩熔岩也会喷涌，以每秒 8 米的速度从火山侧面流出。

▲ 9. 斯特龙博利火山，意大利
924 米

斯特龙博利火山是一座位于西西里岛北部海岸的火山岛。它是意大利的 4 个活火山之一，另外 3 个是埃特纳火山、维苏威火山和武尔卡诺火山。斯特龙博利火山喷发的特点是短暂的爆发式喷发，熔岩可以向空中喷射数十或数百米。

◀7. 圣海伦斯火山，美国
2 549 米

圣海伦斯火山是一座层状火山，这种类型的火山更有可能产生爆炸式喷发。1980 年 5 月 18 日，累积的压力导致了一次大规模的喷发事件，摧毁了火山锥，并将巨大的火山碎屑流送入山谷。火山喷发产生的气流吹倒了 500 平方千米范围内的树木。

▶10. 喀拉喀托之子火山，印度尼西亚
155 米

历史上最著名的喷发之一是 1883 年的喀拉喀托火山喷发，在爪哇岛和苏门答腊岛之间的巽他海峡海底形成了一个破火山口。喀拉喀托之子火山形成于该破火山口，并于 1927 年开始喷发，1929 年从海中浮出水面，此后一直处于活跃状态。

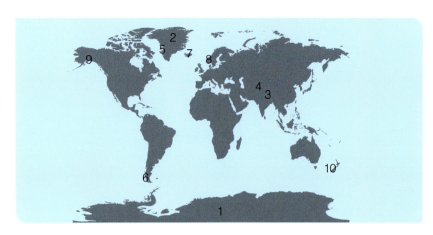

1. 南极冰盖，南极洲 ▶

几乎整个南极洲都被西部和东部的冰盖覆盖着，它们被横贯南极山脉隔开。南极洲冰盖是世界上最大的冰盖。它是如此沉重，导致其下方土地下沉了约 2.5 千米。

◀ 2. 格陵兰冰盖，格陵兰岛

格陵兰岛大约 4/5 的面积被冰覆盖，因此成为北半球最大的冰盖。由于融水径流和冰山崩解，格陵兰冰盖的冰流失是造成海平面上升的主要原因之一。

世界各地的**冰川**

根据规模大小，冰川可分成几大类。高山冰川被山地包围，并在下方的山谷中非常缓慢地移动；冰原和冰盖的规模更大，可以覆盖整个山脉或大陆。所有冰川都在陆地上缓慢地移动，冲刷着下方的岩石，雕蚀出山谷和其他地貌类型。

▲ 3. 昆布冰川，尼泊尔

世界上海拔最高的冰川之一是喜马拉雅山脉的昆布冰川。其长度为 15 千米，末端高 4 900 米。从尼泊尔攀登珠穆朗玛峰需要经过昆布冰川，这是登山路线中最危险的区域之一。

▶4. 费琴科冰川，塔吉克斯坦

位于塔吉克斯坦帕米尔高原的费琴科冰川是在极地地区之外最大的高山冰川，其长度为 77 千米。冰川对当地居民的饮水、农业和能源起着至关重要的作用。

8. 约斯特谷冰原，挪威 ▶

欧洲大陆最大的冰川位于挪威的约斯特谷冰原国家公园。约斯特谷冰原长 60 千米，最高点海拔为 1 957 米。挪威的沿海峡湾是由类似约斯特谷冰原的众多冰川雕蚀而成的。

▲ 5. 雅各布港冰川，格陵兰岛

世界上移动速度最快的冰川是格陵兰岛的雅各布港冰川，它从格陵兰岛的冰盖开始以每年 16 千米的速度流入海洋。每年大约有 350 亿吨的冰山从该冰川的末端脱落。

▲ 9. 白令冰川，美国阿拉斯加州

这张卫星图像显示了北美洲最大的冰川——白令冰川，其面积超过 5 000 平方千米。冰川融化可能诱发更多的地震，因为板块边界附近的断层受到的向下的压力减少了。

▶6. 南巴塔哥尼亚冰原，南美洲

智利和阿根廷的大片山脉被南巴塔哥尼亚冰原覆盖着，这是极地地区以外最大的连续冰体。南巴塔哥尼亚冰原面积约为 13 000 平方千米，是数十个山谷冰川的源头。

◀ 7. 瓦特纳冰川，冰岛

瓦特纳冰川是一个巨大的冰川，覆盖了约 10% 的冰岛国土。有些地方的冰厚约 1 千米。冰川下方有几座活火山。火山喷发会引发被称为"冰川洪水"的大洪水，融水积聚在冰湖中，从冰湖的两侧溢出。

10. 塔斯曼冰川，新西兰 ▶

除了南极洲和南美洲，南半球唯一拥有冰川的陆地是新西兰。其中规模最大的是塔斯曼冰川，它在新西兰南岛的库克山东侧绵延约 29 千米。

火成岩

岩浆冷却凝固后形成火成岩。火成岩有两种类型：喷出岩和侵入岩。

喷出岩

这些岩石是由火山喷出的熔岩和爆炸式喷发时喷出的岩石形成的。

 流纹岩
 熔结凝灰岩
 玄武岩
 斑状玄武岩
 杏仁状玄武岩

 带状流纹岩
 雪花黑曜岩
 黑曜岩
 多孔玄武岩
绳状熔岩

 安山岩
 斑状安山岩
 粗面岩

 松脂岩
浮岩
 煌斑岩
 集块岩
 晶屑凝灰岩

侵入岩

这些岩石是岩浆在地下冷却凝固之后形成的。

 歪碱正长岩
 纯橄榄岩
 金伯利岩
 石榴石橄榄岩
 橄长岩
 辉石岩

 粉色花岗闪长岩
 闪长岩
 正长岩
 霞石正长岩
 层状辉长岩
 橄榄辉长岩

 角闪石花岗岩
 斑状花岗岩
 白色细花岗岩
 粉色细花岗岩
 斜长岩
 浅色辉长岩
 蛇纹岩

 斑状细花岗岩
 二长花岗岩
 石英斑岩
 长石伟晶岩
 辉绿岩
 苏长岩
 辉长岩
 白色花岗闪长岩

 云母伟晶岩
 电气石伟晶岩
 花斑岩
 文象花岗岩
 角闪辉长岩

变质_岩

变质岩主要是由热、压力或两者共同作用而改变其原始结构等的岩石。它们可以由任何类型的岩石产生，包括变质岩本身。

非叶理状变质岩

变质岩的晶体随机排列而不是层状排列。

叶理状变质岩

构成变质岩的晶体呈层状排列。

绿色板岩

黑色板岩

蓝色大理岩

石榴石片岩

含有黄铁矿的板岩

绿色大理岩　灰色大理岩

含有化石的板岩

千枚岩

橄榄石大理岩　董青石角岩　辉石角岩

白云母片岩　黑云母片岩　蓝晶石片岩

褶皱片岩

石榴石角岩　斑点状板岩　空晶石角岩

褶皱片麻岩　眼球状片麻岩

细粒片麻岩

混合岩

片麻岩

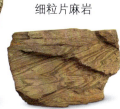

糜棱岩

角闪岩

榴辉岩

夕卡岩

变质石英岩　长英角岩　麻粒岩

沉积岩

大多数沉积岩是沉积物——岩石、砂粒和其他物质——堆积在河流、湖泊或海洋的底部，然后被掩埋、压实而形成的岩石。当水中的矿物结晶时也会形成沉积岩。

角砾岩

物理成因

这些沉积岩是由泥、砂和其他岩石的碎屑挤压在一起形成的。

灰岩角砾岩

泥砾

黄土

黏土　　　复成砾岩　　　石英砾岩

粉砂岩　　　泥岩　　　钙质泥岩

化学成因

这些岩石是由溶解在水中的矿物结晶形成的。

岩盐

石膏岩

钾盐岩

豆状灰岩

鲕状灰岩

白云石

石灰华

结晶灰华

钟乳石

条带状铁矿石　　　鲕状铁矿石

内部结构

外表面

黄铁矿结核

龟裂的结核

硅质岩（燧石）　　　打火石（燧石）

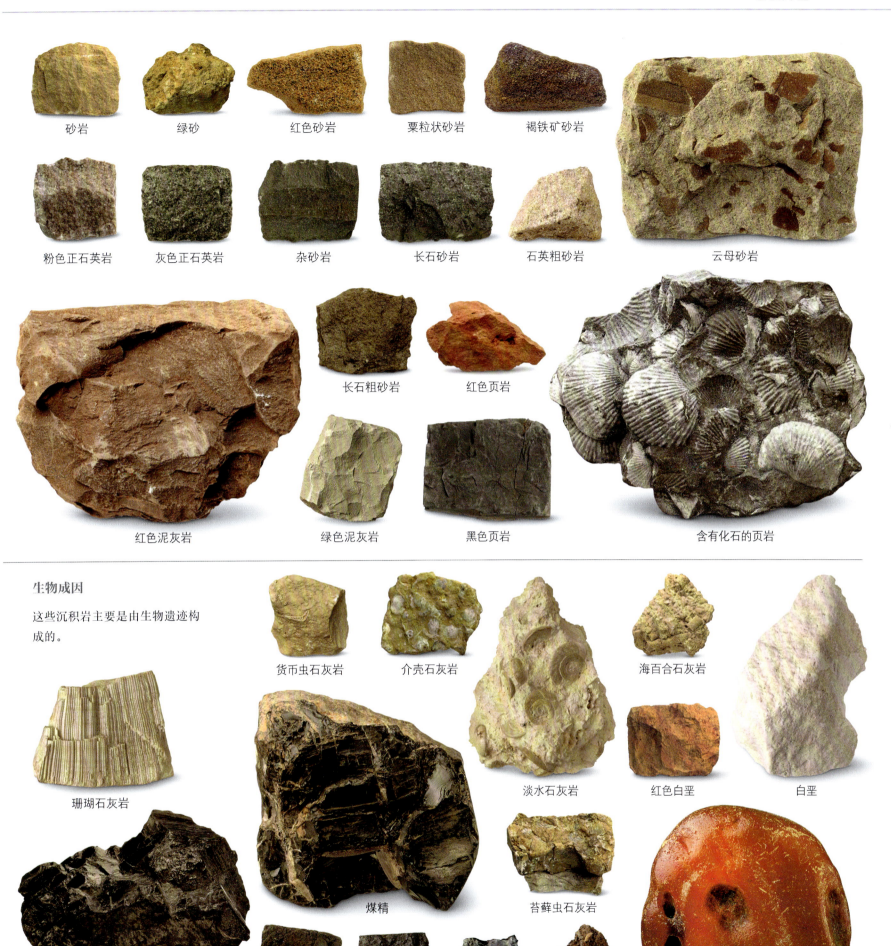

砂岩　　绿砂　　红色砂岩　　粟粒状砂岩　　褐铁矿砂岩

粉色正石英岩　　灰色正石英岩　　杂砂岩　　长石砂岩　　石英粗砂岩　　云母砂岩

长石粗砂岩　　红色页岩

红色泥灰岩　　绿色泥灰岩　　黑色页岩　　含有化石的页岩

生物成因

这些沉积岩主要是由生物遗迹构成的。

货币虫石灰岩　　介壳石灰岩　　海百合石灰岩

珊瑚石灰岩　　淡水石灰岩　　红色白垩　　白垩

煤精　　苔藓虫石灰岩

无烟煤　　褐煤　　烟煤　　次烟煤　　泥炭　　琥珀

矿物

矿物是天然存在的固体单质或化合物，具有特定的结构和化学成分。科学家根据矿物的化学成分把它们分成几类。

硅酸盐矿物

该类矿物是由硅、氧和其他元素相结合的化合物。

橄榄石

钙铝榴石石榴石

黄玉

粒硅镁石

榍石

蓝柱石

绿柱石

异性石

异极矿

绿帘石

电气石

斜黝帘石

符山石

黑柱石

斧石

蓝锥矿

霓石

锂辉石

透辉石

翡翠

普通角闪石

普通辉石

蔷薇辉石

钠闪石

透闪石

柱星叶石

滑石

硅孔雀石

硅铍石

锂云母

斜绿泥石　　葡萄石　　氟鱼眼石　　叶蜡石　　微斜长石

正长石

青金石

方钠石　　片沸石　　拉长石

钙沸石　　辉沸石　　蛋白石　　石英　　玉髓

氧化矿物和氢氧化矿物

这两类矿物是氧或氢、氧与其他元素结合所构成的。

红锌矿　　赤铜矿

钙钛矿　　晶质铀矿　　锌铁尖晶石　　赤铁矿

金绿宝石　　铌钇矿　　褐铁矿　　水铝石

单质矿物

这类矿物仅由一种元素构成，有金属、半金属和非金属。

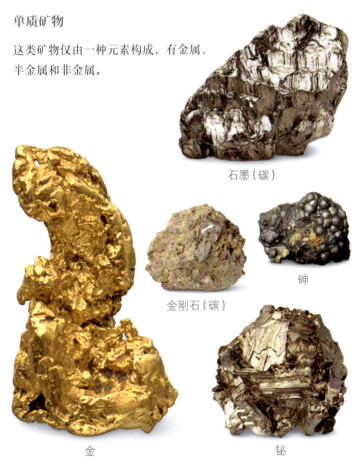

石墨（碳）

砷

金刚石（碳）

金　　铋

硫化矿物和硫盐矿物

这些矿物是非金属元素硫与金属或半金属的结合物。

方铅矿

朱砂

辉锑矿

螺硫银矿

铜蓝

雄黄

辉钼矿

砷黄铁矿

黄铁矿

黄铜矿

针镍矿

车轮矿

淡红银矿

硫砷铜矿

碳酸盐矿物

这类化合物是由一种或多种金属或半金属元素与碳酸根离子结合而成的化合物。

硫酸盐矿物

这类矿物是由一种或多种金属与硫酸根离子结合而成的化合物。

文石

菱锰矿

菱铁矿

方解石

水纤菱镁矿

蓝铜矿

绿铜锌矿

重晶石

铅矾

天青石

水胆矾

胆矾

青铅矿

磷酸盐矿物

这类矿物含有与磷酸根离子结合的金属。

天蓝石

磷氯铅矿

钙铀云母

蓝铁矿

绿松石

磷铝石

银星石

卤化矿物

在这类矿物中，金属与氟和氯等卤素元素相结合。

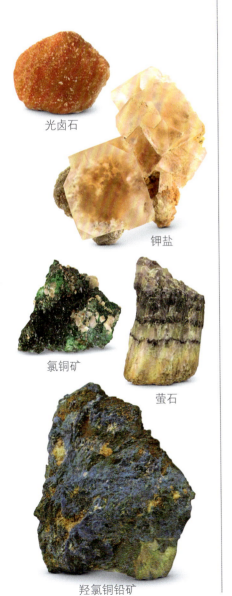

光卤石

钾盐

氯铜矿

萤石

羟氯铜铅矿

其他种类

其他不太常见的矿物种类包括钒酸盐、钼酸盐、硼酸盐、铬酸盐、钨酸盐和砷酸盐矿物。

钼铅矿

羟钒锌铅石

钒铅矿

钠硝石

硬硼钙石

铬铅矿

黑钨矿

光线石

羟砷锌石

砷铅矿

乳砷铅铜石

宝石

宝石是可以经过切割、抛光工艺制成珠宝等的矿物。有些宝石色彩绚烂，可能是由于含有杂质造成的。

透绿柱石
透明蓝宝石
水晶
（石英）
钠长石
乳石英
赤铁矿
透明正长石
萤石

透锂长石
蓝柱石
硅铍石
硅钙硼石
铍镁晶石
天青石
珍珠
硼铍石
磷钠铍石
淡粉色钻石
象牙
粉红色绿柱石
蔷薇石英
未加工的硅铍
铝钠石
未加工的粉色钙
铝榴石
尖晶石
萤石
帕帕拉恰
（刚玉）
红绿柱石
西瓜碧玺
（电气石）
红碧玺
（电气石）
红宝石
（刚玉）
未加工的粉红色
钻石
铁铝榴石
镁铝榴石
钙铝榴石
红玉髓
红珊瑚
植物象牙
条带状菱锰矿
缠丝玛瑙
琥珀
东陵石
蔷薇辉石
重晶石
斧石
火玛瑙
紫苏辉石
锰铝榴石
未加工的碧玉
烟晶
文石
未加工的钻石
未加工的
黄铁矿
变石
（金绿宝石）
棕色钻石
镁电气石
金绿柱石
榍石
虎睛石
（石英）
未加工的
海泡石
石膏
含内含物的
未加工石英
铅矾
硼铝镁石
白铅矿
赛黄晶
葡萄石
未加工的日光石
（奥长石）
锡石
方解石
闪锌矿
黄色正长石

尖晶石　　粉红蓝宝石　　铍镁晶石　　紫水晶　　黝帘石　　煤精　　紫锂辉石
　　　　　（刚玉）　　　　　　　　　（石英）

含蓝线石石英　　圆粒金刚石　　黑曜石　　黑珊瑚　　未加工的　　尖晶石　　董青石
　　　　　　　　　　　　　　　　　　　　　　　十字石
蓝宝石（刚玉）

蓝方石　　月光石　　黄玉　　磷灰石　　蓝色约翰　　抛光的方钠石　　蛋白石　　拉长石　　蓝晶石
　　　　（正长石）　　　　　　　　　　（萤石）

锆石　　染色的羟硅硼钙石　　天蓝石　　未加工的钙铬榴石　　海蓝宝石　　半透明的　　青今石　　刚玉　　蓝锥矿
　　　　　　　　　　　　　　　　　　　　　　　（绿柱石）　　方钠石

透辉石　　孔雀石　　硬玉（玉石）　　软玉（玉石）　　蓝碧玺　　玛瑙　　绿松石　　蓝铜矿孔雀石　　珍珠母
　　　　　　　　　　　　　　　　　　　　　　（电气石）

深绿色钻石　　未加工的绿玉髓　　祖母绿　　菱锌矿　　硅硼镁铝矿　　磷叶石　　天河石　　绿蓝宝石　　硅孔雀石
　　　　　　　　　　　　　　（绿柱石）　　　　　　　　　　　　　　　（微斜长石）　　（刚玉）

红柱石　　绿玻陨石　　柱晶石　　夕线石　　磷铝钠石　　未加工的　　透视石　　橄榄石　　铬钒钙铝榴石
　　　　（玻璃陨石）　　　　　　　　　　　　　　淡绿色钻石

黑电气石　　磷铝锂石　　白云石　　透明碧玺　　未加工的金刚石　　顽辉石　　蛇纹石　　钙铁榴石　　未加工的鸡血石
　　　　　　　　　　　　　　　（电气石）

黄色蓝宝石　　黄晶　　黄绿碧玺　　萤石　　符山石　　白钨矿　　钙铁榴石　　绿帘石　　闪锌矿
（刚玉）　　（石英）　　（电气石）

化石

只有一小部分已灭绝物种以化石的形式留下了它们曾经存在过的证据。即便如此，化石还是帮助科学家们绘制出了地球的生命之树。化石还能帮助确定岩石的年龄。

龟

蛇颈龙鳍状肢

象牙

猛犸

脊椎动物化石

脊椎动物是有脊椎和内骨骼的动物。它们的骨头和其他坚硬的身体部位形成了化石。

乌鸦鲨的牙

石灰岩

富罗鱼

双棱鲱

霍普洛特里克斯鱼

无脊椎动物化石

无脊椎动物大多是没有内部骨骼的小动物，如蜗牛、螃蟹和昆虫。许多无脊椎动物化石由海洋生物的壳构成。

海绵

角珊瑚

三叶虫

十足类动物

蟹

马蹄蟹

鞭蝎

菊石

贻贝

双壳类动物（新厚蛤）

双壳类动物（船蛆）

双壳类动物（威尔金蛤）

海蜗牛

郁金香旋螺

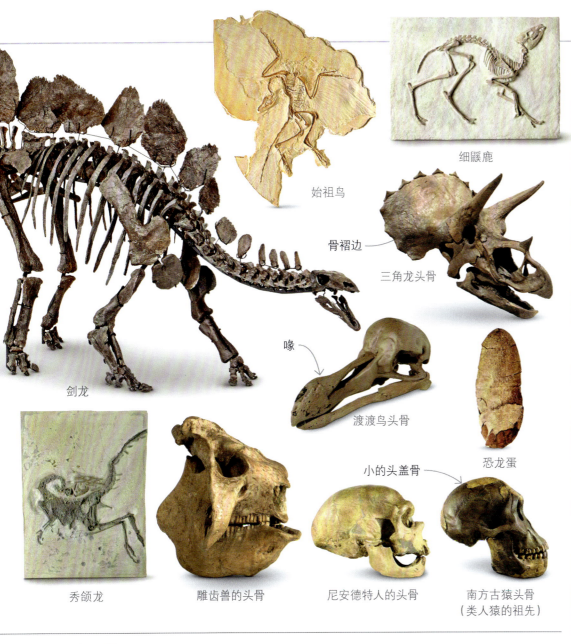

始祖鸟

细鼷鹿

骨褶边

三角龙头骨

喙

渡渡鸟头骨

恐龙蛋

剑龙

秀颌龙

雕齿兽的头骨

小的头盖骨

尼安德特人的头骨

南方古猿头骨
（类人猿的祖先）

植物化石

植物化石包括种子、树叶的印记和已经变成坚硬岩石的树干。用作燃料的煤完全由植物化石组成。

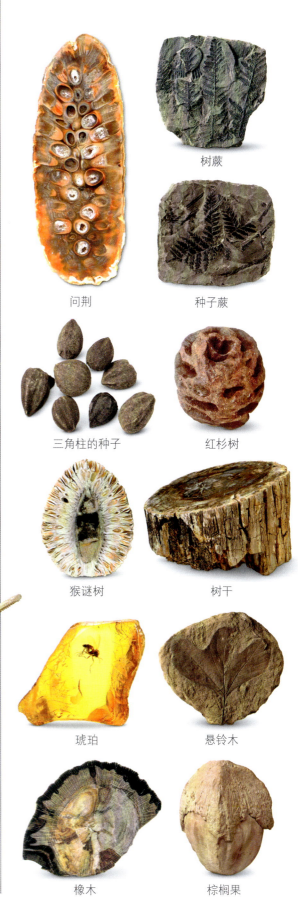

树蕨

问荆

种子蕨

三角柱的种子

红杉树

猴谜树

树干

琥珀

悬铃木

橡木

棕榈果

海百合

菊石

箭石

壳

海胆

蛇星

海星

海蕾

海林擒

海桩

格陵兰岛

北美洲

大西洋

非洲

太平洋

南美洲

大陆

　　地球上的陆地可以划分为几个主要区域，称为大陆。按照惯例，地球上一共有 6 个被命名的大陆，欧洲和亚洲实际上同属于一个大陆（亚欧大陆）。地球上还有至少 90 万个岛屿，其中最大的岛是格陵兰岛。然而，确切的岛屿数量目前尚不清楚，因为很多岛屿的面积都很小。拥有最多岛屿的国家是瑞典，共有 267 570 个岛屿。其中只有不到 1% 的岛屿上有人居住。

词语表

板块
地球岩石圈被分割成的不连续板状岩石圈块体。

宝石
用于制作珠宝的玉石，因其耐用、美丽和稀有而得到人们珍视。

背斜
原本平坦的地层被挤成的凸起的拱状褶皱。

变质岩
经过高温、高压或两者共同的作用而产生变质的岩石。

表面张力
一种可以在液体表面产生轻微弹性的力。表面张力可以把液体拉成水滴状。

冰川
由压实的雪形成的巨大冰体。冰川都在缓慢地移动。

冰盖
又称"大陆冰川"。指常年覆盖在陆地上的巨型流动冰块，如南极冰盖和格陵兰冰盖。

冰架
冰盖或冰川在海洋上漂浮的延伸部分。

冰碛
由冰川携带或堆积在冰川两侧或末端的岩石碎屑。

冰山
原本属于冰川或冰架的一部分，发生断裂后漂向大海。

捕食者
以其他动物为食的动物。

哺乳动物
一种温血的脊椎动物（有脊椎骨的动物），以其乳汁喂养幼崽，身体通常长有一层皮毛。

层状火山
由火山碎屑和缓慢流动的熔岩交替堆叠形成的火山。

超级单体
一个巨大的拥有旋转核心的风暴云，可能产生龙卷风。

长石
一种常见的铝硅酸盐矿物。

沉积
通常指由风、水或冰将沙子和砾石等物质搬运到另一个地方堆积。

沉积物
岩石、沙子或泥土的小碎片，通常在水下形成层状沉积。

沉积岩
由沉积物被压缩和固化而形成的岩石。

赤道
围绕地球中心的假想圆圈，南北两极距离相等将地球分成南北两个半球。

磁场
磁体或地球等周围，能传递物体间磁力作用的场。

大气层
环绕在地球周围的气体圈层，因重力而聚集。

氮气
这种气体占据了地球大气的78%。

地核
地球的最内层，分成液态的外核和固态的内核，由镍和铁组成。

地壳
地球固体圈层的最外层，由岩石组成。

地幔
地球上位于地壳和地核之间的岩石层，其体积占地球体积的84%。

地幔柱
地幔中较热的区域，呈柱状缓慢地向上流动，在地壳下方形成热点。

地堑
两个断层被拉开时形成的向下陷落的地块。

地热
地球内部的热量。

地下水
存在于地表以下的岩石和土壤中的水。

地震
地球突发的大规模地壳运动引起的剧烈震动。

地震仪
记录地震产生的地震波的仪器。

断层
岩石破裂，并且沿破裂面两侧的岩石有明显相对滑动位移，在地壳上形成裂隙。

对流
由温差驱动的气体、液体或热而软的岩石的相对流动。

对流层
大气中位置最低、密度最大的一层，云在此处形成，大多数天气现象也在此发生。

盾形火山
是一种非常宽的火山，其侧面平缓倾斜，由一层层快速流动的熔岩形成。

二氧化碳
空气中的一种气体。动物将二

氧化碳作为废物呼出，但植物能吸收并利用二氧化碳。

发电机
将机械能转换成电能的装置。

泛大陆
晚古生代的超大陆，其范围几乎包括了所有现在的大陆。

泛滥平原
河谷底部河床两侧，大汛时常被洪水淹没的平坦低地。

肥料
能帮助植物在土壤中更好生长的物质。

分子
一组原子结合在一起构成分子。

粉砂
粒径为0.004~0.062 5毫米的矿物和岩石碎粒。

风暴潮
由风暴引起的海平面异常上升。

风化
地壳表面岩石在雨水、阳光、冰和其他外力的作用下发生破坏或化学分解的现象。

浮游生物
浮在水中并随水漂流的生物。大多数浮游生物的体形都很小。

腐殖质
一种位于土壤中的深色物质，由死亡的植物、微生物和动物形成。

干旱
因长时间降雨量异常少而导致缺水和非常干燥的状况。

冈瓦纳古陆
一个古代的超大陆，包括现在的南美洲、非洲、南极洲、澳大利亚、印度半岛和阿拉伯半岛。

高原
高海拔地区的平坦地带。

共生
生活在一起的两个物种之间亲密的、彼此有益的关系。

灌溉
为土地提供水，让作物得以生长。

光合作用
绿色植物等利用太阳能从水和二氧化碳中制造有机物的过程。

光泽
物体表面反射出来的亮光。

硅酸盐
由硅、氧原子和金属原子结合而成的化合物的总称。硅酸盐构成了地壳和地幔的大部分区域。

轨道
物体在空间运动的路径，例如，地球绕太阳转或月球绕地球转的轨道。

过冷水
由于水中缺少凝结核或其他原因，在0摄氏度以下还呈液态的水。

海拔
由平均海水面起算的地面点高度。

海山
一种水下火山，其高度不足以突破水面形成岛屿。

海蚀柱
海岸线附近海中的高耸岩柱，属于周围悬崖被侵蚀后的残留部分。

海啸
一种快速移动的具有破坏性的海浪，通常由海底地震产生。

河口
河流与大海的汇合处，由泥和潮水形成的漏斗状地带。

河曲
河流迂回曲折，是由流速缓慢一侧的沉积和流速较快一侧的侵蚀造成的。

红树林
在热带海岸，主要由红树科植物组成的一种植被类型。

花岗岩
大陆地壳中发现的主要火成岩之一。

化合物
两种或两种以上元素的原子或离子结合而成的化学物质。

化石
早期的动物或植物由于自然作用而保存在地层中的遗体、遗迹等。

化石燃料
古生物遗体形成的燃料，如煤或石油。

环礁
环绕潟湖而分布的珊瑚岛。

环流
循环运动的洋流系统。

汇聚型板块边界
两个板块相向运动的边界。

彗星
靠近太阳时能较长时间大量挥发气体和尘埃的一种小天体。

火成岩
由岩浆喷出地表后或在地下冷却凝结形成的岩石。

火山弹
火山喷发时喷射到空中的一团熔岩。

火山口
火山通道周围的碗状洼地。

火山碎屑
火山周围的岩石在火山喷发时被炸裂、崩碎而成的物质。

火山碎屑流
类似雪崩，从喷发的火山侧面倾泻而下，由滚烫的岩石和灰尘组成的流体。

积雨云
能产生大雨、闪电和冰雹的浓厚庞大的云体。

基岩
位于土壤之下的坚硬岩层。

极光
出现在高纬度高空的彩色发光现象。产生于来自太阳的带电粒子和地球磁场的相互作用。

急流
高空大气中狭窄的强风带。

脊椎动物
有脊椎骨的动物。

甲烷
天然气的主要成分，容易燃烧，主要被用作燃料。它也是一种温室气体。

间歇泉
从火山加热的岩石中间断喷出的温泉。

降水
从大气中到达地球表面的水，包括雨、雪、冰雹等。

角砾岩
由棱角状矿物碎屑胶结而成的岩石。

进化
生物历经许多代而逐渐变化的过程。

晶体
内部原子、离子或分子结构排列有序的固体，有时呈几何形状。

晶习
以不同的主要晶轴的相关长度而给出的晶体总的形状。

菊石
已灭绝的软体动物门头足纲动物，壳形大多是旋转形。

飓风
发生在热带或副热带东太平洋和大西洋上中心附近风力达12级或以上的热带气旋。

科里奥利效应
由于地球自转，风和洋流在北半球沿运动方向向右偏，在南半球向左偏的现象。

矿石
含有有用矿物并有开采价值的岩石。

矿物
一种天然的、无机的固体物质，具有典型的晶体结构。岩石是由矿物构成的。

离散型板块边界
两个板块相背运动的边界。

劳亚古陆
一个古代的超大陆，范围包括现在的北美洲、欧洲和亚洲等部分。

冷凝
气体遇冷变成液体的过程。

砾岩
一种由直径大于2毫米的圆形、次圆形砾石经胶结而形成的沉积岩。

两栖动物
一种冷血的脊椎动物，它们的一生中有一部分时间生活在水里，另一部分时间生活在陆地上，例如青蛙。

裂谷
由地壳在相互分离的板块之间的边界部分崩塌而形成的山谷。

流星
来自太空的流星体，在穿越地球大气层时蒸发而产生的发光现象。

硫
一种岩石中常见的黄色元素，常从火山中喷发出来。

陆壳
构成大陆的地壳部分。它比大洋地壳的密度小、厚度大。

密度
物体的质量除以体积。密度越高，物体越重。

灭绝
某物种的最后一个个体从地球上消失。

黏度
对流体流动的阻力。流体的黏度越高，其流动的速度就越慢。

牛轭湖
从河流的主流切出来的曲流，形成的U形的湖泊。

农业
种植庄稼、饲养牲畜等的生产事业。

爬行动物
一类冷血的、有鳞片的动物，如蛇或蜥蜴。

喷出岩
由火山喷出的岩浆在地表冷却凝固而成的火成岩。

破火山口
火山中心部位塌陷而形成的巨大火山口。

栖息地
生物自然栖息的地方。

气候
一个地区在一段时间内最常见的天气状况。

气候变化
在全球或区域尺度上，天气模式和平均温度的长期变化。

迁徙
动物为到达新的栖息地而进行的长途旅行。很多鸟类每年都在夏季和冬季的栖息地之间迁徙。

侵入岩
在地表以下凝固的火成岩，由于冷却得足够慢，因此可以形成较大晶体。

侵蚀
自然力量如流水、风或冰川等对地表的磨蚀、冲刷等作用。

热带
地球上靠近赤道的地区，其气候终年炎热。

热点
地壳之下特别热的地幔区域，形成了一个火山活动区。

熔融
固体加热到一定程度变为液体。

软流层
上地幔的软质层，板块在其上发生移动。

软体动物
可能有坚硬外壳的软体的无脊椎动物。蜗牛、蛤蜊和章鱼都是软体动物。

三角洲
由河流入海时，沉积物形成的扇形区域。

三叶虫
已经灭绝的海洋动物，具有分节的身体、外骨骼和很多对有关节的腿。三叶虫大约在2.52亿年前灭绝。

砂岩
一种由砂粒和其他矿物胶结而成的岩石。

珊瑚
一种海洋动物，分泌的骨骼有石灰质。许多珊瑚成群生活，形成珊瑚礁。

生物
有生命的物体。

生物圈
地球表面有生命存在的区域。

生物群系
根据地带性植被所划分的生态系统类型，如热带雨林、沙漠或温带草原。每个生物群系都有其独特的气候、植被和动物。

石灰岩
以碳酸钙为主要成分的沉积岩，大多形成于海洋中。

石笋
沉积在洞穴地面上的碳酸钙沉积物。

食草动物
以植物茎叶为食的动物。

水蒸气
水蒸发到空气中形成的一种肉眼看不见的气体。

太阳风
从太阳的大气上层释放出来的带电粒子流。

太阳系
一个由太阳、行星、卫星、彗星和绕太阳旋转的小行星等组成的系统。

脱氧核糖核酸（DNA）
储藏、复制和传递遗传信息的主要物质基础，存在于细胞内。

外骨骼
节肢动物（如昆虫等）身体表面坚硬的外壳。

微生物
微小的有机体，小到不能用肉眼看见，如细菌。

卫星
绕行星运行的单个天体。

温带
南北半球各自的回归线和极圈之间的地带。该区域的气候既不太热也不太冷。

温室气体
一种在地球大气中吸收热，并重新辐射热的气体，如二氧化碳。

无脊椎动物
没有脊柱的动物，如昆虫或蠕虫。

物种
能相互繁殖、享有一个共同基因库的一群个体，并和其他物体生殖隔离。如猎豹或长颈鹿。

细胞
生物体结构与功能的基本单位。

细菌
一种微小的单细胞生物，是地球生命世界的重要组成部分。许多细菌是有益的，但有些细菌会导致疾病。

峡谷
一种狭窄而深的山谷，通常两边都有垂直的悬崖。

峡湾

冰川山谷被海水淹没而成的海湾。

小潮

高潮与低潮之差最小的潮汐。

小行星

沿椭圆轨道绕太阳运行的一种小天体。

信风

位于赤道两侧从偏东向偏西吹的风。

星云

太空中的气体和尘埃组成的云雾状天体。

星子

存在于早期太阳系中。太阳赤道面附近的粒子团由于自吸引而收缩形成的天体。后来一部分星子聚集在一起形成了行星。

休眠火山

如果一座火山有喷发的可能，但长期以来处于静止状态，那么就被称为休眠火山。

玄武岩

地球上最常见的火成岩，通常源于凝固的熔岩。玄武岩中的晶粒粗细不等。

悬谷

通常由冰川雕蚀而成的山谷。主冰川和支川交汇处，支谷高悬于主冰川谷底之上，称为悬谷。

岩床

一种大致水平的片状火成岩侵入体，通常是火成岩在现有沉积岩层之间强行侵入时形成的。

岩浆

位于地壳内部或之下的熔融岩石。

岩浆房

火山内部或下方的岩浆储存地。

岩石圈

地球的固体外层，由地壳和地幔的最上层组成。

洋壳

位于世界上大多数海洋之下的地壳部分。大洋地壳比大陆地壳更薄，密度更大。

氧化物

某一元素与氧化合生成的化合物。

氧气

这种气体占地球大气的21%。大多数生物从空气中吸收氧气，并利用它从食物中释放能量，这一过程被称为呼吸作用。

营养物质

动物和植物所吸收的、维持生命和生长所必需的物质。

硬度

矿物的硬度是指其抵抗刮擦或磨损的能力。

永久冻土

土壤表面以下永久冻结的土地。

雨影

雨量少的山脉背风面，由空气在山脉的迎风面上升时失去水分造成。

元素

具有相同质子数的同一类原子的总称。

原子

构成自然界各种元素的基本单位。

陨石

从太空坠落到地球表面而没有完全燃尽的物体。

折射

光线从一种介质（如空气）到达另一种介质（如水或玻璃）时，传播方向发生改变的现象。

褶皱

一种地质构造，原本平坦的岩层因受到挤压形成弯曲而未丧失其连续性的构造。

针叶树

叶子形状像针的树木，如松树和冷杉，大多属于常绿树。

真菌

有细胞壁，从周围的生物或死亡物质中吸收营养的真核生物，如蘑菇。

枕状熔岩

枕头形状的岩石丘，由水下喷出的熔岩形成。

震中

震源正上方的地面。

蒸发

液体变成气体的过程。

中间层

位于平流层和热层之间的地球大气层，高度为50~85千米。

钟乳石

从洞穴顶部垂下的碳酸钙沉积物。

重力

天体使物体向该天体表面降落，防止物体飘向太空的力。

索引

致谢

出版方感谢以下人员提供的宝贵帮助：

伦敦大学皇家霍洛威学院的构造地质学教授于尔根·亚当和凯文·D.索萨模拟的山脉形成沙盘实验，威尔士生命之河项目经理乔尔·里斯－琼斯模拟的河流和三角洲形成实验，南安普敦大学空间环境物理学讲师丹尼尔·怀特博士模拟的极光实验，西蒙·科恩、杰奎琳·科恩、邓肯·巴林顿、克莱尔·奥尔韦和英国化石和宝石网的萨姆·科恩提供的岩石、矿物和化石，伦敦大学学院的约翰·布罗德霍特教授和安德鲁·R.汤姆森博士提供的伦敦大学学院的岩石和矿物收藏。

感谢史密森尼公司以下人员：

许可协调员埃弗里·诺顿，编辑主任佩奇·托勒，授权出版高级总监吉尔·科科伦，新业务和许可副总裁布里吉德·科科伦，总裁卡罗尔·勒布朗。

感谢博物馆专家马修·T.米勒提供的咨询帮助。

感谢汤姆·莫尔斯的图像修饰，普舒派克·塔亚吉的桌面排版设计，奥斯曼·安萨里的计算机修图帮助以及史蒂夫·塞特福德的编辑支持。

图片鸣谢：

对提供本书图片使用权的以下人士，出版方表示由衷感谢：

a-上、b-下、c-中、f-远端、l-左、r-右、t-顶端

1 Dorling Kindersley: Dreamstime.com: Mario Lopes/Malopes. **Science Photo Library:** Martin Rietze (c). **2-3 Dorling Kindersley:** Dreamstime.com: Mario Lopes/Malopes (background). **Getty Images/iStock:** ChrisGorgio (bolts). **3 Alamy Stock Photo:** heyengel (c). **4-5 Dorling Kindersley:** Dreamstime.com: Mario Lopes/Malopes. **5 NASA. Shutterstock.com:** Wirestock Creators. **6-7 Dorling Kindersley:** Dreamstime.com: Mario Lopes/Malopes (background). **6 Alamy Stock Photo:** Mario Deambrogio (tc). **Kenneth G. Libbrecht. Shutterstock.com:** Blue Planet Studio. **7 Getty Images:** imageBROKER/Peter Giovannini. **8-9 Dorling Kindersley:** Dreamstime.com: Mario Lopes/Malopes (background). **8 Getty Images/iStock:** ChrisGorgio. **9 Getty Images/iStock:** ChrisGorgio (screws). **NASA. 10-11 Science Photo Library:** Natural History Museum, London. **11 Science Photo Library:** Detlev Van Ravenswaay (tr). **12-13 Wikipedia:** Michael Dennig - Atlas4x4. **15 Alamy Stock Photo:** Alan Dyer/VWPics (ca). **ESO:** JAXA/Creative Commons Attribution 4.0 licence (tr). **17 Alamy Stock Photo:** Dinodia Photos (tr). **ESA:** CNES/Arianespace - Photo Optique Video du CSG - S. Martin (c). **Shutterstock.com:** oblong1 (bl). **19 Alamy Stock Photo:** MIHAI ANDRITOIU (bl); Arterra Picture Library (tr); Images of Africa Photobank (br). **Getty Images:** Jami Tarris (fbr). **20 Science Photo Library:** Dr Fred Espenak (crb, br); Babak Tafreshi (bl). **21 Brian Cassey** (cr). **Science Photo Library:** Dr Juerg Alean (b). **22 Alamy Stock Photo:** Stockbym (r). **23 Alamy Stock Photo:** Oliver Hoffmann (l). **Science Photo Library:** Jean-Bernard Nadeau/Look At Sciences (br). **24-25 Dorling Kindersley:** Dreamstime.com: Mario Lopes/Malopes (background). **Getty Images/iStock:** ChrisGorgio (bolts). **27 Alamy Stock Photo:** George Ostertag (clb). **Getty Images/iStock:** FredericFaure (c). **Science Photo Library:** Mark Garlick (br). **30 Getty Images/iStock:** Istock (tl). **NASA:** (cl). **33 Alamy Stock Photo:** GRANGER - Historical Picture Archive (bc). **34-35 Alamy Stock Photo:** Ziga Plahutar. **37 Science Photo Library:** Shuo Wang (tr). **39 Alamy Stock Photo:** Kevin Schafer (tc). **Shutterstock.com:** MisterStock (tr). **40 Alfred Wegener Institute:** (bl). **40-41 Dorling Kindersley:** Paleogeography globes derived from original maps produced by Colorado Plateau Geosystems Inc. **42-43 Dorling Kindersley:** Dreamstime.com: Mario Lopes/Malopes (background). **Getty Images/iStock:** ChrisGorgio (bolts). **43 Shutterstock.com:** Wirestock Creators. **44 Alamy Stock Photo:** Antonio Busiello (bl). **Getty Images:** AFP PHOTO/Yasuyoshi Chiba (bc). **44-45 Dorling Kindersley:** using data from USGS/ Smithsonian Institution, National Geophysical Data Center. **45 Alamy Stock Photo:** Keystone Press (bl). **Science Photo Library:** Mark Garlick (br). **46-47 Getty Images/iStock:** pxhidalgo. **47 Science Photo Library:** Jeremy Bishop (tr). **48-49 Science Photo Library:** David Weintraub. **48 Science Photo Library:** Jessica Wilson/USGS (cla). **49 Getty Images:** AFP/ Lothar Slabon (crb). **naturepl.com:** Sergey Gorshkov (tl). **50 Alamy Stock Photo:** Associated

Press (cl). **Getty Images:** temizyurek (cra). **Bryan Lowry/lavapix.com:** (bl). **50-51 Getty Images:** The Asahi Shimbun (bc). **51 Alamy Stock Photo:** Wei Hao Ho (cla). **Shutterstock.com:** Wirestock Creators (cra). **52 Alamy Stock Photo:** Science History Images (cra). **Shutterstock.com:** Robert Crow (cr). **52-53 Shutterstock.com:** Yvonne Baur. **53 Alamy Stock Photo:** Patrick Koster (ca); Doug Perrine (fcla); tom pfeiffer (cla). **U.S. Geological Survey:** Jefffrey Judd (tr). **54-55 Bryan Lowry/lavapix.com. 56 Dorling Kindersley:** Colin Keates/Natural History Museum, London (c); Harry Taylor/Natural History Museum, London (bc). **Wikipedia:** B.Domangue (tr). **56-57 Erin Delventhal. 57 Alamy Stock Photo:** agefotostock (crb); Komkrit Suwanwela (tc); Siim Sepp (cr); Steve Pridgeon (br). **James St. John. 58-59 Alamy Stock Photo:** Alberto Garcia/Redux. **59 Alamy Stock Photo:** Tjetjep Rustandi (tr). **Shutterstock.com:** Henk Vrieselaar (crb). **60 Alamy Stock Photo:** Laura Di Biase (tr). **60-61 BluePlanetArchive.com:** Phillip Colla. **61 Getty Images:** Arctic-Images (tc); Lepretre Pierre (tl). **62-63 Science Photo Library:** Martin Rietze. **63 Alamy Stock Photo:** Marlon Trottmann (crb). **Dorling Kindersley:** Arran Lewis (using data from NASA: Landsat 8/School of Ocean and Earth Science and Technology Main Hawaiian Islands Multibeam Bathymetry and Backscatter Synthesis: University of Hawai'i at Ma/Hawaii Mapping Research Group) (ca). **64-65 Getty Images:** Matteo Colombo. **65 Dreamstime.com:** Barefootflyer (tr). **NASA:** ISS Crew Earth Observations experiment and the Image Science & Analysis Group, Johnson Space Center (br). **naturepl.com:** Sergio Hanquet (ca). **Shutterstock.com:** JamiesOnAMission (cr). **66 Alamy Stock Photo:** Zoonar GmbH (cra). **naturepl. com:** Guy Edwardes (tr). **66-67 Shutterstock.com:** kavram. **67 Alamy Stock Photo:** Inge Johnsson (cr); robertharding (crb). **Dorling Kindersley:** Getty Images: Kirsten Boos/EyeEm (bl). **68-69 Getty Images:** Mauro Cociglio Turin - Italy. **70-71 Shutterstock.com:** Lynn Yeh. **71 Alamy Stock Photo:** Associated Press (br); Dinodia Photos (cr). **72-73 Alamy Stock Photo:** Associated Press. **73 Alamy Stock Photo:** Australian Associated Press (tr); GRANGER-Historical Picture Archive (crb). **USDA Forest Service (www.forestryimages.org):** (cr). **76-77 Getty Images:** AFP/JIJI PRESS. **77 Alamy Stock Photo:** Science History Images (br). **Getty Images:** AFP (tr). **NOAA:** Center for Tsunami Research (cr). **78-79 Dorling Kindersley:** Dreamstime.com: Mario Lopes/Malopes (background). **Getty Images/iStock:** ChrisGorgio (bolts). **79 Shutterstock.com:** Blue Planet Studio. **80 Alamy Stock Photo:** Chronicle (bl). **Getty Images:** Hulton Archive (br). **80-81 Getty Images/iStock:** OGphoto. **81 Alamy Stock Photo:** Grant Farquhar (fcra); imageBROKER. com GmbH & Co. KG (crb). **Dreamstime.com:** Dan Breckwoldt (cr); Nataliya Nazarova (br). **Science Photo Library:** Dirk Wiersma (tr). **83 Alamy Stock Photo:** Image Professionals GmbH (cr). **85 Dorling Kindersley:** using data from Smithsonian Institution, National Geophysical Data Center; **Shutterstock.com:** Rainer Albiez (cra); vvvita (tc); Alan Ward (crb); antony trivet photography (bc). **86-87 Getty Images/iStock:** bahadir-yeniceri. **87 Alamy Stock Photo:** Nature Picture Library (ca). **Getty Images:** Marli Miller/UCG/Universal Images Group (cr). **Getty Images/iStock:** Totajla (tl). **Shutterstock.com:** Chaikom (bc); sevenke (tl). **88 Science Photo Library:** Susumu Nishinaga (cl). **88-89 Getty Images/iStock:** jalvarezg. **89 Dorling Kindersley:** Dreamstime.com: Hai Huy Ton That (tr). **Dreamstime.com:** Joseph Gough (ca). **Shutterstock. com:** Nicolaj Larsen (cr). **SuperStock:** Egmont Strigl/ Westend61 (tc). **90-91 Getty Images:** AFP/JIJI

PRESS. **91 Getty Images:** Mark Gibson (cr). **Shutterstock.com:** J-B-C (tr). **92-93 Getty Images:** Roberto Moiola/Sysaworld. **93 Alamy Stock Photo:** Amos Gal (ca); Chris Mattison (cl). **NASA:** JPL-Caltech/UArizona (cr). **94 Shutterstock.com:** DCrane (clb); Jane Rix (tr). **94-95 Alamy Stock Photo:** Eva Bocek. **96 Alamy Stock Photo:** Tim Geach (cla); Piter Lenk (tc); Santi Rodriguez (c); Science History Images (cra). **97 Alamy Stock Photo:** Design Pics Inc (ca); imageBROKER.com GmbH & Co. KG (tl); GeoJuice (clb); Barry Vincent (crb). **98-99 naturepl.com:** Wild Wonders of Europe/Jensen. **98 Getty Images/iStock:** DurkTalsma (tr). **naturepl. com:** Franco Banfi (clb). **99 Getty Images/iStock:** S_Lew (tr). **Science Photo Library:** British Antarctic Survey (cr). **100-101 Alamy Stock Photo:** Raquel Mogado (c); Andrey Podkorytov (t). **Getty Images:** 1970s (b). **103 Science Photo Library:** Jim Steinberg (cra). **104-105 Shutterstock.com:** Blue Planet Studio. **106-107 Shutterstock.com:** Sara Winter. **106 Shutterstock.com:** 4045 (bl); Nido Huebl (cl); engel.ac (c); pcfp (bc). **108-109 Shutterstock.com:** Vadim Petrakov. **110 Alamy Stock Photo:** robertharding (bl). **Dreamstime.com:** Chase Dekker (clb). **110-111 NASA:** Joshua Stevens, using Landsat data from the U.S. Geological Survey, and soil moisture data courtesy of JPL and the SMAP Science Team (t, b). **111 Alamy Stock Photo:** US Coast Guard Photo (cr). **Getty Images:** Fatih Aktas; Anadolu Agency (tr); Ben Brewer/Bloomberg (br). **112-113 Alamy Stock Photo:** Michele Falzone. **113 Alamy Stock Photo:** ludmila yilmaz (tr). **2002 MBARI:** David Fierstein (crb). **114-115 Getty Images/iStock:** ClaudioVentrella. **116-117 Shutterstock.com:** Patrick Poendl. **117 Alamy Stock Photo:** Artenex (crb). **naturepl.com:** Alex Mustard (br). **118-119 Alamy Stock Photo:** Image Professionals GmbH. **119 Alexander Hyde:** (br). **Getty Images/iStock:** Extreme-Photographer (cr). **120 Getty Images:** Partha Pal (cr). **120-121 Alamy Stock Photo:** Universal Images Group North America LLC. **121 Science Photo Library:** G. R. Roberts (crb). **122-123 Getty Images:** Andrea Comi. **122 Science Photo Library:** Martyn F. Chillmaid (tr). **123 Alamy Stock Photo:** Heritage Image Partnership Ltd (br); Westend61 GmbH (tl). **124-125 Getty Images:** Octavio Passos. **125 Alamy Stock Photo:** David Wall (cr). **Getty Images:** John Lund (tr). **Getty Images/iStock:** Thurtell (br). **126-127 Dorling Kindersley:** Dreamstime.com: Mario Lopes/Malopes (background). **Getty Images/iStock:** ChrisGorgio (bolts). **127 Alamy Stock Photo:** Mario Deambrogio. **128 Alamy Stock Photo:** agefotostock (cb). **Shutterstock.com:** Ekkaluck Sangkla (br); xpixel (ca). **128-129 Alamy Stock Photo:** Valery Voennyy (tl). **129 Alamy Stock Photo:** Arctic-Images (crb); Bjrn Wylezich (bl). **Shutterstock.com:** Jiri Balek (br). **130-131 Alamy Stock Photo:** agefotostock (c). **130 Dreamstime. com:** Fokinol (cb/feldspar). **Science Photo Library:** Phil Degginger (c). **Shutterstock.com:** Moha El-Jaw (cb); J. Palys (bc). **131 Dorling Kindersley:** Gary Ombler/Oxford University Museum of Natural History (tc). **Science Photo Library:** Eye of Science (tl). **Shutterstock.com:** Ralf Lehmann (br); Vladislav S (ca). **132-133 Shutterstock.com:** Gary C. Tognoni. **133 Alamy Stock Photo:** agefotostock (ca); Ian Paterson (tc); Alan Morris (cr); Colin Harris/era-images (crb). **Shutterstock.com:** Sascha Burkard (tl). **134 Alamy Stock Photo:** Susan E. Degginger (tr). **Dorling Kindersley:** Colin Keates/Natural History Museum, London (tl). **Dreamstime.com:** Viktor Nikitin (br); Pancaketom (cla). **135 Alamy Stock Photo:** Panther Media GmbH (bc).

Dreamstime.com: Natalis66 (bl). **Science Photo Library:** Dirk Wiersma (crb). **Shutterstock.com:** Karel Funda (br). ; Bjoern Wylezich(t/schist) **136 Alamy Stock Photo:** The Natural History Museum (tl). **Science Photo Library:** Ashley Cooper (cla); Kaj R. Svensson (clb); Jean-Claude Revy, ISM (bl). **136-137 Shutterstock.com:** Jeroen Mikkers. **137 Science Photo Library:** Steve Lowry (tr). **138-139 Alamy Stock Photo:** YAY Media AS. **139 Alamy Stock Photo:** imageBROKER.com GmbH & Co. KG (br); mauritius images GmbH (cr). **Science Photo Library:** Eye of Science (tl); Wim van Egmond (clb); Nature Picture Library (cra). **Shutterstock.com:** hanif66 (cla). **140-141 Alamy Stock Photo:** Mario Deambrogio. **140 Science Photo Library:** Microckscopica (clb). **141 Alamy Stock Photo:** Igor Petrushenko (tc). **Dorling Kindersley:** Dreamstime.com: Vlad3563 (tr). **Dreamstime.com:** Chormail (cr). **Getty Images:** John W Banagan (br). **142-143 Alamy Stock Photo:** Phil Degginger (c). **142 Alamy Stock Photo:** Bjrn Wylezich (bc). **Dorling Kindersley:** Ruth Jenkinson/RGB Research Limited (bl); Colin Keates/Natural History Museum, London (br). **143 Dorling Kindersley:** Dreamstime.com: Christophe Testi (tr); Fotolia: apttone (ca). **Science Photo Library:** Javier Trueba/MSF (cr). **Shutterstock.com:** Yeti studio (cra). **144 Alamy Stock Photo:** Wirestock, Inc. (tr). **Shutterstock.com:** Viktoria Prusakova (cl). **144-145 Shutterstock.com:** Dan Olsen. **145 Dorling Kindersley:** Colin Keates/Natural History Museum, London (tc). **Science Photo Library:** Mark A. Schneider (cr); Dirk Wiersma (br). **147 Alamy Stock Photo:** PjrRocks (cr); Bill Truran (crb). **James Van Fleet:** (cra). **148 Dorling Kindersley:** Dreamstime.com: Fokinol (cla); Colin Keates/Natural History Museum, London (fcl)(ca)(cr)(fbl)(cb)(bc). **148-149 Dorling Kindersley:** iStock: rusm (background). **149 Dorling Kindersley:** Colin Keates/Natural History Museum, London (tl)(cla)(cl)(tc)(ftr). **150-151 Getty Images:** SunChan (cb). **150 Alamy Stock Photo:** Phil Degginger (cl). **Dorling Kindersley:** Colin Keates/Natural History Museum (ca); Tim Parmenter/Natural History Museum, London (tc). **Shutterstock.com:** STUDIO492 (cla). **151 Alamy Stock Photo:** Phil Degginger (cla); Gemma Fletcher (tl). **Dorling Kindersley:** Dreamstime.com: Bjrn Wylezich (cra); Tim Parmenter/Natural History Museum, London (tc); Richard Leeney/Holts Gems, Hatton Garden (c); Colin Keates/Natural History Museum, London (crb)(bl)(bc). **Shutterstock.com:** BGStock72 (cl); horiyan (tr); J. Palys (cb). **152 Shutterstock.com:** Bjoern Wylezich (bl). **152-153 De Beers:** (c). **153 Alamy Stock Photo:** Skipping Cricket (br); David Tadevosian (tc). **154-155 Shutterstock.com:** Albert Russ. **155 Shutterstock.com:** DedMityay (br); Bjoern Wylezich (tr); Bjoern Wylezich (cra); Sebastian Janicki (cr); SHTRAUS DMYTRO (crb). **156-157 Shutterstock.com:** lkpro. **158 Science Photo Library:** (cb); Marek Mis (cra); STEVE GSCHMEISSNER (ca)(cr)(cl)(clb). **Shutterstock.com:** Nicola Pulham (bl); Natalia van D (tr). **158-159 Alamy Stock Photo:** jo ingate (bc). **159 Science Photo Library:** INNERSPACE IMAGING (tr); UCL, GRANT MUSEUM OF ZOOLOGY (cla); SUSUMU NISHINAGA (cr)(br). **Shutterstock.com:** New Africa (ca). **160-161 Dorling Kindersley:** Dreamstime.com: Mario Lopes/Malopes (background). **Getty Images/iStock:** ChrisGorgio (bolts). **161 Kenneth G. Libbrecht. 162-163 Dreamstime.com:** Studio023. **163 Science Photo Library:** NASA'S GODDARD SPACE FLIGHT CENTER (tl). **Shutterstock.com:** PhotoVisions (c). **165 Dorling Kindersley:** Dreamstime.com: Elena Gurdina (cr). **Science Photo Library:** Steve Gschmeissner (crb). **Shutterstock.com:** Kay Cee Lens and Footages (cra). **166-167 Dreamstime.com:** Feelgoodsk. **167 Alamy Stock Photo:** Rapt.Tv (tr). **168-169 Getty Images:** Greg Pease. **169 Alamy Stock Photo:** Science Photo Library (cra). **Dorling Kindersley:** Dreamstime.com: View7 (cla). **170-171 Dorling Kindersley:** using data from www.worldclim.org. **171 Alamy Stock Photo:** hanohikirf (cb). **Getty Images:** Emad aljumah (ca). **Getty Images/iStock:** Vagabondering Andy - Andy Doyle (bc). **Shutterstock.com:** Jane Rix (tc). **172-173 Dorling Kindersley:** using data from www.worldclim.org. **173 Alamy Stock Photo:** Colin Harris/era-images (bl). **naturepl.com:** Christophe Courteau (ca). **NOAA:** GOES Project Science Office (crb). **Shutterstock.com:** Deliris (tc); Ondrej Prosicky (cl); Bassel Rachid (cr). **174-175 Science Photo Library:** Karsten Schneider. **175 Science Photo Library:** NOAA (bc). **176 Alamy Stock Photo:** NG Images (tr). **176-177 Alamy Stock Photo:** Timothy Smith. **177 Alamy Stock Photo:** Robert Adrian Hillman (tl). **178 ESA:** NASA-A. Gerst (cb). **178-179 Shutterstock.com:** elRoce. **179 Alamy Stock Photo:** US Air Force Photo (tr). **Getty Images/iStock:** adrianorgza (tc). **Getty Images:** Warren Faidley (tl). **NOAA: NOAA's International Best Track Archive for Climate Stewardship (IBTrACS) data, accessed on 6th December, 2024/National Hurricane Center/Nilfanion (processing, via Wikipedia)/NASA(base map)(cra). 180-181 Brian A. Morganti/StormEffects.com. 181 NASA:** Earth Observatory images by Jesse Allen, using Landsat data from the U.S. Geological Survey (crb). **183 Dreamstime.com:** Richair (tc). **184 Shutterstock.com:** Derek Beattie Images (tr); Lukas Jonaitis (l); kristof lauwers (cr). **184-185 Shutterstock.com:** Frannyanne (c); Brian A Jackson (b); Kay Cee Lens and Footages. **185 Alamy Stock Photo:** Delphotos (br). **Science Photo Library:** Mike Hollingshead (cra). **Shutterstock.com:** alybaba (clb); paul prescott (bc); Sebastian Hulse (tl); Phil Semmens (tr); kostin77 (cr). **186-187 Science Photo Library:** Roger Hill. **188 Dreamstime.com:** Maciej Czekajewski (bl); Natalia Pushchina (clb). **188-189 Shutterstock.com:** HoleInTheBox. **189 Alamy Stock Photo:** Dave Bevan (tl); Jon G. Fuller/VWPics (tr). **Getty Images:** JC Patricio (tc). **191 Alamy Stock Photo:** James Lewis/Stockimo (br). **Dorling Kindersley:** Dreamstime.com: James Wheeler/Souvenirpixels (cr). **192-193 Shutterstock.com:** Naufal MQ. **193 Shutterstock.com:** Tomasz Duma (tr); SakSa (tl); Dean Pennala (ca). **194 Dan Robinson:** (r). **195 Alamy Stock Photo:** Nature Picture Library (cr). **Dreamstime.com:** Baloncici (br). **Dan Robinson. 196 Kenneth G. Libbrecht. 197 Kenneth G. Libbrecht. Science Photo Library:** Kenneth Libbrecht (cra). **198 Alamy Stock Photo:** Richard Lewis (tc); Antonella Lussardi (bl). **Science Photo Library:** Nature's Faces/Science Science (cla); Pekka Pariainen (clb). **198-199 Alamy Stock Photo:** David Forster. **199 Alamy Stock Photo:** Mark Pink (tr). **200-201 Getty Images:** Allan Davey. **200 Alamy Stock Photo:** Thierry Grun (cla); John Sirlin (clb). **Getty Images:** Mike Lyvers (bl). **NOAA:** GOES East (tl). **202-203 Marko Koroec. 204-205 Alamy Stock Photo:** John Sirlin. **205 Getty Images/iStock:** Dr_Microbe (cra). **Science Photo Library:** Digital Globe (cla); NOAA (ca). **206 Greenpeace:** Gesellschaft fr kologische Forschung (ca). **207 Alamy Stock Photo:** Science History Images (bc). **Greenpeace:** Gesellschaft fr kologische Forschung (ca). **Shutterstock.com:** Vladimir Endovitskiy (br). **208-209 Dorling Kindersley:** Dreamstime.com: Mario Lopes/Malopes (background). **Getty Images/iStock:** ChrisGorgio (bolts). **209 Getty Images:** imageBROKER/Peter Giovannini (c). **210 Alamy Stock Photo:** RooM the Agency (cb). **Wikipedia:** MARUM- Center for Marine Environmental Sciences, University of Bremen (c). **211 Alamy Stock Photo:** Branko Devic (br). **Dorling Kindersley:** Dreamstime.com: Solarseven (cb). **Getty Images:** Roger Ressmeyer/Corbis/VCG (cra). **212 Alamy Stock Photo:** blickwinkel (cra). **212-213 naturepl.com:** Gary Bell/Oceanwide/Minden. **213 Getty Images/iStock:** Dmitriy Sidor (cla). **Science Photo Library:** Dirk Wiersma (ca). **214 Getty Images/iStock:** CribbVisuals (bl); wanderluster (cl). **216 Alamy Stock Photo:** Nick Upton (tc). **Getty Images/iStock:** Xurzon (clb). **Shutterstock.com:** Aureliy (bl); Lucas Leuzinger (br). **217 Getty Images/iStock:** Frank DeBonis (bc); Paolo Graziosi (tl); Shunyu Fan (tc); DieterMeyrl (cra); pierivb (crb); dennisvdw (bl). **218-219 Shutterstock.com:** Linda Szeto. **218 Getty Images/iStock:** Oleh_Slobodeniuk (br). **Shutterstock.com:** Mats Brynolf (bl); Nata Naumovec (cr). **219 Getty Images:** Its About Light/Design Pics (br). **naturepl.com:** Suzi Eszterhas/Minden (c). **Shutterstock.com:** Jukka Jantunen (bl). **220-221 Getty Images/iStock:** Schroptschop. **220 Getty Images/iStock:** Avalon_Studio (c). **Shutterstock.com:** Jack Bell Photography (bl); Kevin Wells Photography (br). **221 Getty Images/iStock:** JasonOndreicka (bl); standret (cl); pchoui (cr). **Shutterstock.com:** Erni (br). **222-223 Getty Images/iStock:** Matt_Gibson. **222 Getty Images/iStock:** Elizabeth Nunn (bl); Wirestock (cr). **Shutterstock.com:** WildMedia (br). **223 Alamy Stock Photo:** Duncan Usher (cl). **Getty Images/iStock:** Kaphoto (br); Michael_Conrad (bl). **224-225 Getty Images:** Paul Biris. **224 Guillermo Ferraris and Mariella Superina:** (bl). **Getty Images/iStock:** mauinow1 (br). **225 Alamy Stock Photo:** blickwinkel (cr); Martin Harvey (cl). **Getty Images:** S. Daniel McPhail/500px (br). **Getty Images/iStock:** NormaZaro (c). **Shutterstock.com:** Anan Kaewkhammul (bl). **226-227 Getty Images:** Paul Biris. **226 Dorling Kindersley:** Dreamstime.com: Eastmanphoto (br). **Getty Images:** Ignacio Palacios (crb). **Shutterstock.com:** Medolka (cra); Matt Starling Photography (bl, bc). **227 Dorling Kindersley:** Andrew Beckett (Illustration Ltd) (fbr). **Getty Images:** cinoby (crb). **naturepl.com:** Daniel Heuclin (ca). **Science Photo Library:** Vincent Amouroux, Mona Lisa Production (bl). **Shutterstock.com:** MedMounirPic (cla). **228-229 Shutterstock.com:** Yusnizam Yusof. **228 Getty Images/iStock:** agustavop (cr); Lillian Tveit (bl). **Shutterstock.com:** Kurit afshen (br). **229 Alamy Stock Photo:** Marc Anderson (c); Natalia Golovina (bl). **Shutterstock.com:** Usanee (br). **230-231 Getty Images:** Christophe Paquignon. **230 Getty Images:** Bryngelzon (bl). **Shutterstock.com:** Stu Porter (tr). **231 Alamy Stock Photo:** Imagebroker (cla); robertharding (bc). **Getty Images:** Nick Dale/500px (ca). **Shutterstock.com:** Zeinab Alameh (cra). **232-233 Alamy Stock Photo:** Markus Thomenius. **232 Shutterstock.com:** Fabian Ponce Garcia (bl); Martin Mecnarowski (tl); Jana Troupova (bc); KLiK Photography (br). **233 Alamy Stock Photo:** Arterra Picture Library (clb); Minden Pictures (crb). **Shutterstock.com:** Carlos Sala Fotografia (ca); Milton Rodriguez (bc). **234-235 naturepl.com:** Rhonda Klevansky. **234 Alamy Stock Photo:** David G Richardson (cr). **naturepl.com:** David Fleetham (br). **Shutterstock.com:** David Steele (bl). **235 Alamy Stock Photo:** Bob Gibbons (cra). **Dreamstime.com:** Gaspoll (crb). **naturepl.com:** Christophe Courteau (cb). **Andrea Nixon/AndyNixPix:** (cla). **Steve Woodhall/butterflygear.co.za:** (bl). **236-237 Alamy Stock Photo:** imageBROKER.com GmbH & Co. KG. **236 naturepl.com:** Nick Garbutt (br). **Shutterstock.com:** buteo (cb); Brian Lasenby (clb). **237 Alamy Stock Photo:** Christian Dietz (bl); Panoramic Images (cb). **Getty Images:** imageBROKER/Peter Giovannini (cla). **Getty Images/iStock:** Alex Potemkin (tr); Mary Swift (tl). **Shutterstock.com:** miroslav chytil (crb); Wiro.Klyngz (cra). **238-239 BluePlanetArchive.com:** Reinhard Dirscherl. **239 naturepl.com:** Doug Allan (cr); Brandon Cole (tr); David Shale (crb). **240-241 Getty Images/iStock:** undefined undefined. **242-243 Dorling Kindersley:** Dreamstime.com: Mario Lopes/Malopes (background). **Getty Images/iStock:** ChrisGorgio (bolts). **246 Dorling Kindersley:** iStock: Ron and Patty Thomas (crb). **Shutterstock.com:** Lukas Bischoff Photograph (cra). **246-247 Dreamstime.com:** Tsvibrav (tc); Wirestock (c). **Getty Images:** Ignacio Palacios (bc). **247 Dreamstime.com:** Barelkodotcom (tc); Vladimir Rodin (cb). **Getty Images:** hadynyah (cl). **Shutterstock.com:** Misne (ca); Vaclav P3k (cra). **248 Shutterstock.com:** lavizzara (cr); On_the_road (tr); zevana (clb). **248-249 Dreamstime.com:** Mariusz Prusaczyk (bc). **249 Alamy Stock Photo:** robertharding (crb); Westend61 GmbH (bc). **Getty Images/iStock:** andryslukowski (cla); bjdlzx (cra). **Shutterstock.com:** Brastock (clb); Valerii_M (tl). **250 Dreamstime.com:** Joshua Wanyama (br). **Science Photo Library:** Planetobserver (tl). **Shutterstock.com:** Igor Kovalenko (cra). **250-251 Getty Images/iStock:** jono0001 (c). **Shutterstock.com:** Katvic (tc). **251 Alamy Stock Photo:** Universal Images Group North America LLC (br). **Science Photo Library:** Planetobserver (tr)(bl). **Shutterstock.com:** Federica Cordero (cr); Max Forgues (ca). **252 Alamy Stock Photo:** John Martin - Fotografo (bl); Westend61 GmbH (tr). **Shutterstock.com:** David A Knight (br). **253 Alamy Stock Photo:** Danita Delimont (bl); Chris Howes/Wild Places Photography (tr); Nature Picture Library (cr). **Dave Bunnell:** (br). **Getty Images/iStock:** Eder Maioli (tc). **Getty Images:** Bernard Friel/UIG (cla). **Shutterstock.com:** Nora Yusuf (cl). **254 Getty Images:** Feng Wei Photography (cb); Whitworth Images (bl). **Getty Images/iStock:** Laszlo Peto (tr); rchphoto (br). **254-255 Getty Images/iStock:** Patrick Jennings (c). **255 Getty Images/iStock:** Boogich (br). **Shutterstock.com:** Belikart (cr); stacyarturogi (tl); Michael Mantke (tr); Andrea Izzotti (bl). **256 Alamy Stock Photo:** Dan Leeth (crb). **Getty Images:** Mark Newman (tr). **Shutterstock.com:** Wirestock Creators (cla). **256-257 Getty Images:** Alexander Piragis (ca). **Science Photo Library:** Prof. Stewart Lowther (bc). **257 Alamy Stock Photo:** Media Drum World (cl); Moodboard Stock Photography (tr); tom pfeiffer (br). **Getty Images:** Gianni Sarasso (cr). **Science Photo Library:** Martin Rietze (tc). **258 Alamy Stock Photo:** NASA Photo (cla). **NASA:** GSFC/OIB (tr). **Shutterstock.com:** Eugene Ga (crb). **258-259 123RF.com:** muraviov (bc). **Alamy Stock Photo:** Maridav (ca). **259 Alamy Stock Photo:** Nacho Calonge (cl); Universal Images Group North America LLC (cr). **Getty Images:** Raimund Linke (br); MisoKnitl (tc). **Shutterstock.com:** ole (tr). **260 Dorling Kindersley:** Harry Taylor/Natural History Museum, London. **Shutterstock.com:** www.sandatlas.org (tc); Yes058 Montree Nanta (cra). **261 James St. John. 263 Dorling Kindersley:** Colin Keates/Natural History Museum, London (cb/bryozoan); Harry Taylor/Natural History Museum, London (cr)(cb)(bl). **Shutterstock.com:** Yes058 Montree Nanta (ca); Yes058 Montree Nanta (bc). **264 Dorling Kindersley:** Colin Keates/Natural History Museum, London (crb). **Shutterstock.com:** Cagla Acikgoz (cla). **265 Dorling Kindersley:** Colin Keates/Natural History Museum, London (c). **268 Alamy Stock Photo:** The Natural History Museum (cl). **Dorling Kindersley:** 123RF: Micha Baraski/123rf (tr); Colin Keates/Natural History Museum, London (bc). **Getty Images/iStock:** Minakryn Ruslan (crb). **Science Photo Library:** Science Stock Photography (ca). **Shutterstock.com:** Jack Dagley Photography (fcl); Reload Design (fcr). **268-269 Dorling Kindersley:** Tim Parmenter/Natural History Museum, London (gems). **269 Alamy Stock Photo:** Halyna Kubei (cb); slaughteredlamb (ca); SBS Eclectic Images (clb). **Dorling Kindersley:** Ruth Jenkinson/Holts Gems (tr/Kunzite); Colin Keates/Natural History Museum, London (cl/jadeite)(tc). **Dreamstime.com:** Madalin Stancu (cr). **Getty Images/iStock:** VvoeVale (cl). **Shutterstock.com:** fotoscool (crb). **270 Dorling Kindersley:** Colin Keates/Natural History Museum, London (tr); Gary Ombler/Senckenberg Gesellschaft Fuer Naturforschung Museum (tc); Colin Keates/Natural History Museum (c); Gary Ombler/Swedish Museum of Natural History (clb). **Dr David J. Ward:** (cla). **271 Dorling Kindersley:** Andy Crawford/Senckenberg Nature Museum (tl); Trustees of the Natural History Museum, London (ftl); Gary Ombler/Senckenberg Gesellschaft Fuer Naturforschung Museum (cl); Harry Taylor/Natural History Museum, London (cl/skull); Gary Ombler/Oxford Museum of Natural History (tc); Dreamstime.com: Ken Backer (ca); Colin Keates/Natural History Museum, London (ca/dodo)(ca/egg)(br)(tr/fern)(cra)(cr)(crb/leaf)(fbr); Gary Ombler/Oxford Museum of Natural History (c); Harry Taylor/Hunterian Museum University of Glasgow (bc); Dreamstime.com: Bjrn Wylezich (crb/amber). **Dr David J. Ward. 272-273 Dorling Kindersley:** using data from NASA and NOAA. All other images © Dorling Kindersley

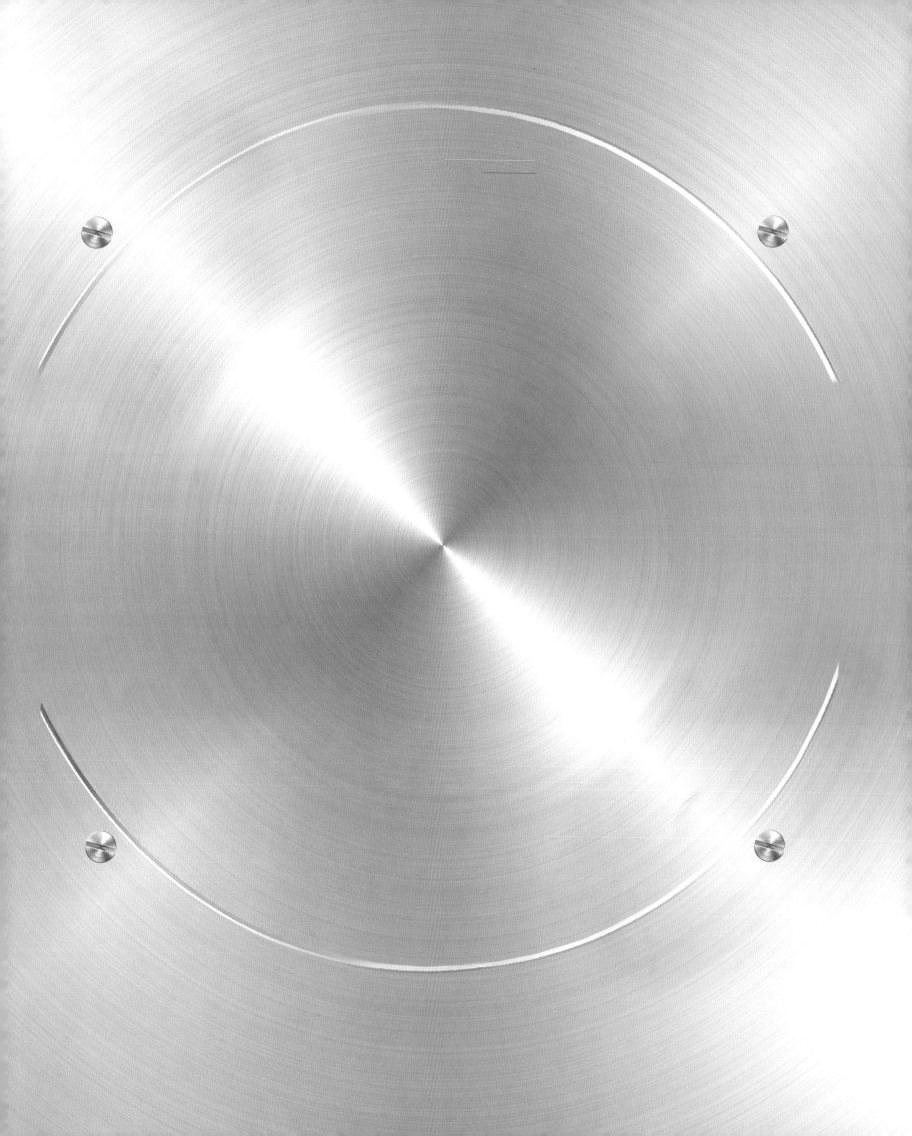